每天学点心理学

■ 郑和生 / 著

民主与建设出版社

图书在版编目(CIP)数据

每天学点心理学 / 郑和生著. -- 北京：民主与建设出版社，2017.3

ISBN 978-7-5139-1425-3

Ⅰ. ①每… Ⅱ. ①郑… Ⅲ. ①心理学 Ⅳ. ①B84

中国版本图书馆CIP数据核字(2017)第040794号

每天学点心理学

出 版 人	许久文
著　　者	郑和生
责任编辑	刘树民
装帧设计	天下装帧设计
出版发行	民主与建设出版社有限责任公司
电　　话	（010）59417747　59419778
社　　址	北京市朝阳区阜通东大街融科望京中心B 座601 室
邮　　编	100102
印　　刷	三河市天润建兴印务有限公司
版　　次	2017年6月第1版　2017年6月第1次印刷
开　　本	710mm × 1000mm　1/16
印　　张	21
字　　数	260千字
书　　号	ISBN 978-7-5139-1425-3
定　　价	45.00 元

注：如有印、装质量问题，请与出版社联系。

前言

中国心理学会普通与实验心理专业委员会委员、上华东师范大学心理学系教授梁宁建先生曾说："大学里所有的学科和毕业之后从事的工作，大多都是为了帮助别人，唯独我们心理学，不仅仅是救人，更多的是自救。"

心理学是一门既古老又年轻的科学。说它古老是因为人类探索自己的心理现象已有两千年的历史：从公元前四世纪古希腊亚里士多德的《论灵魂》开始，心理学一直是包括在哲学之中；说它年轻是因为十九世纪中叶心理学才开始从哲学中分出来，成为一门独立的科学，只有百年来的历史。

由于现在心理学知识还不太普及以及人们对它了解还很肤浅，因此，很多人对心理学还存在很多误解。鉴于心理学的意义以及一些人由于不了解心理学，还对它存在很多误解，因此，学点心理学是很有必要的。学习心理学，对人生具有十分重要的意义，其意义主要有：

"有人的地方就有心理"。人的心理是有规律的，企业管理、思想政治教育、人员选拔、安全生产、人际关系等等都需要了解人的心理。学习心理学，有利于人们更好、更完善地了解这些问题，处理这些问题。

"有助于了解自己，加强自我修养"。心理学知识对于自我教育很重要。科学地理解心理现象，能使人正确地评价自己个性品质的长处和短处，确定个别的特点，正确而自觉去努力发展积极的品质，克服消极的品质。

“进行自我分析和自我调节”。在工作、学习和生活中，一个人难免会碰到种种心理难题和心理困惑。如，恋爱问题、婚姻问题、自卑问题、人际关系问题以及失眠、焦虑、忧郁等等，学了心理学，能很好地进行自我分析和自我调节，不至于陷入心理困惑之中而不能自拔，最后导致心理疾病，甚至是精神病。

“开阔视野”。尤其是从事文学、哲学、美学、医学等学科的人们，学一些心理学知识，能丰富人的思想和观点。

“实现自我价值”。现代社会越发展，人的精神生活将越来越重要，心理问题会越来越多，心理学亦将越来越重要。对一个心理学工作者来说，能把自己所学的一点心理学知识奉献于社会，服务于人民，这是一件很有意义的事。

当然，心理学的意义还远不止这些，在商业领域，在医学领域，在司法领域，在教育战线领域，心理学都具有极其重要的作用和意义。

目录
CONTENTS

第一章 PAERA 01
每天学点心理学，
更好地认识自己

第二章 PAERA 02
每天学点心理学，
遇见更好的自己

第三章 PAERA 03
每天学点心理学，挖掘自我潜能

目录

CONTENTS

第四章 PAERA 04

每天学点心理学，

轻松赢得好人缘能

第五章 PAERA 05

每天学点心理学，

让交往更轻松

目录
CONTENTS

第七章 PAERA 07
每天学点心理学，
说话以“攻心为上”

第八章 PAERA 08
每天学点心理学，
找到成功之路

目录
CONTENTS

第一章

每天学点心理学，更好地认识自己

“是什么成就了现在的自己？”

我们之所以是现在的自己，一定是与我们的过去相关，如果我们能够知道自己为什么会是现在的样子，那么，我们能够看清很多曾经被忽略或误解的事，能够更加客观的认识自己、了解自己。

在很多时候，我们总是想当然地认为自己是一个什么样的人，以至于很多时候总是活在别人的意见中、迷失了自我。在这种心理状态之下，我们怎么能认识自我，能把握自己，做好自己的事情呢？每天学点心理学，便可以让我们从更深层次了解到之所以出现这种状况的原因，从而让我们对自我有一个更为客观、公正的认知。

自知才有远方

自恃才高的人，能想到人贵有自知之明，可以反思自己的不足，把态度放得谦虚一点，做到取长补短；自惭形秽的人，能想到人贵有自知之明，可以激发自己的热情，重新树立信心，做到扬长避短。

孔子问子贡：你和颜回哪一个强？子贡答道：我怎么敢和颜回相比？他能够以一知十；我听到一件事，只能知道两件事。

由于生物遗传密码的千差万别，成就了每个人的优点特长和缺陷短处，后天教育与环境的差异更是造就了不同的志趣、性格和风采。其中既有迷人之处，又有遗憾之处。它可能是爽朗、是幽默、是仁慈、是热情、是勤快、是深沉。当这些自我能真实地表露出来时，其魅力一定最动人。牵强自己，一味要求自己与令我们羡慕的人看齐，常常会丧失美好的东西，而流于尴尬与痛苦。

子贡的自知是明智，子贡的从容更是胸怀博大。他虽不及颜回闻一知十，但却以其独特的人格魅力传之千古。

大学刚毕业的谢芳找到一份在某研究所的工作，她是目前为止研究所里学历最高、专业知识最丰富的人。在同事们的赞美吹嘘之下，谢芳很快就找不到北了，虚荣心开始极度膨胀，以至于单纯地认为自己学历高，研究所里的事情没有自己不会做的。虽然同事们对她的改变没有说什么，但是却从心里面为她感到可惜：这孩子禁不住夸，自己都不知道自己有几两重。

几天之后，所长带回来一个科研项目，问谁有能力在一个月的时间内做完，老同事都知道，所长带回来的基本上都是比较难的项目，需要几个人通力合作才能完成，所以大家都没有回应。可是谢芳心想：我的学历这么高，难道我不行吗？我就是不相信，我得试试看。

于是，在大家都没有回应的情况下，谢芳对所长说："我来吧，保证一个与内完成任务。"所长虽然有点不相信自己的耳朵，但是他还是决定给谢芳一个表现自己的机会，顺便也探探她的底——她到底有多少能力。

很快半个月的时间过去了，所长问谢芳项目的情况进行得怎么样了，谢芳回答：一切进行得很顺利，一个月内能完成任务。而实际上谢芳已经遇到了自己不能解决的难题，但是碍于面子，却又不想向那些"低学历"的同事请教。就这样"僵持"了一个月，谢芳的任务愣是没有完成，这让所长大为恼火。

事后，在总结大会上，所长就此事对谢芳进行了批评，批评她过于相信自己的实力、没有自知之明、不善于向别人学习……听着所长的批评，谢芳又能说什么呢？

上述事例中的谢芳所表现出来的，就是受到"东坡效应"的影响，对自我缺少一个清晰而明确的认识，导致了自我的迷失。像这样的事，在生活中屡见不鲜。从上面的叙述中，我们也进一步看到了这一心理效应对我们生活与工作所带来的影响。由此可见，我们要使得自己能够得到更好的生存与发展，换另外一句话来说，就是让自己活得更加精彩，更加幸福，就应当走出这一心理影响，怎么做呢？以下就是较为实用的方法：

1. 不要过于高看自己，具备平和之心

一个人不要把自己看得太重要、太高明、太有能耐，更不要觉得凡事无己不行，凡事有己便成，一副高高在上的姿态。人生需要有一颗平和之心，不要自己看高自己。有时候不把自己太当回事，这样反而更能赢得别人的尊重与爱戴。因为，过于抬高自己，我们就不能客观地审视自己，就会因为过分自我膨胀而最终走向失败。

2. 淡泊名利，注重修养自己的品格

过多的追名逐利，只会让我们失去自己最纯真的本性，甚至扭曲了自己的心灵；那些品格修养达到了一定境界的人，从来都只是将名利当作身外之物的。在他们的心中，人生来就具备的那种自然、单纯的状态，才是自己孜孜以求的。一个真正称得上大人物的人，虽然身居高位，但仍懂得如何去做平常人，他们从来都是虚怀若谷的，他们不会因为自己腰缠万贯而变得盛气凌人，他们也从来不会见人就喋喋不休地述说着自己成功的经历，甚至是对于那些曾经对自己“居心叵测之人”，他们也只是“不以物喜，不以物悲”的心态淡然处之，仍旧平和地去干着自己分内的事情。

3. 正确认识自己，才能挖掘自己的潜力

只有正确认识自己，认识到自己的不足，才能挖掘出自己的潜力，这是获得成功的一个必备条件。作为一个正常的人，对自己做人的形象，从自己的身体外观、品德和才能、优点和缺点、特长和不足、过去和现状以至自己的价值和责任，总会有一定的认识。这种认识当中必定分为好坏两面，也正以为这

两个方面，让我们看到了自己的优势和不足，从而全面地完善自己，提高自己。

4. 客观地认识自我，找准自己的行为规则

客观地认识自我是决定一个人行为方式的重要因素。人的表现，都是与这个人当时的“自我观”相符的行为。没有人会去做一件在当时他认为与自己的身份、年龄、性别、能力等方面不相宜的事情。相反，如果没有客观地认识自我，很有可能就会做出一些让别人笑话和匪夷所思的事情。

总之，只有以平常心面对人生，懂得自知之明，才会有平常的生活，才会有真正的成功和幸福。否则一不小心碰上了挫折，便会经受不起，一击即垮。

去认清自己吧！用自己的眼光审视自己，而非他人，用最原本的自己去行走于世吧！比起注视他人，认清自己更加重要。外接是变化的流动的世界，只有认识自己的内心，让评定自我的标准存于内心，自我的价值才得以体现，远方才有更开阔的道路等着我们。

认识自己、把握人生

认识你自己，不必为实现你所想象的但是却不切实际的所谓自身价值而去做任何多余的努力，你要明白，当你降生到这个世界的时候，你就已经拥有了自己的价值，你接下来所要做的事，就是如何将你自身的价值发扬光大，因而你必须了解、认识到自己的价值。

你不妨经常问一问自己：我是谁？当你能够给出一个满意的答案的时候，你的人生也就真正地开始了。

不要因为自己高于他人便目空一切，要知道“高处不胜寒”，你随时都有打入“冷宫”的危险。不要因为自己低于他人而闷闷不乐，在充分认识自己的前提下，你终将改变你目前的状况。闭起你的眼睛，让你的心完全平静下来，仔细地回想一下你所经历过的一切，给自己一个公正的评价，然后摆正自己的位置。

一位名叫肖曼·巴纳姆的著名杂技师在评价自己的表演时说，他之所以很受欢迎是因为节目中包含了每个人都喜欢的成分，所以他使得“每一分钟都有人上当受骗”。这是因为人在认识自己的时候，很容易受到来自外界信息的暗示，从而出现自我知觉的偏差。这种人们常常认为一种笼统的、一般性的人格描述十分准确地揭示了自己的特点，心理学上将这种倾向称为“巴纳姆效应”。

在日常生活中，我们经常会犯一些“自欺欺人”的错误：原本没有多少能力，但是在别人的吹捧之下，就会觉得自己无所不能；本身自己非常自信，但是如果一再遭受别人的打击，就会觉得自己一无是处。我们之所以会犯这种错误，很大程度上是受到外界、别人的影响，而我们相信、认可了这种影响。最终不能真正认识自己、迷失了自己。

很显然，这对于我们的生活是非常有害的。总的来说，受到巴纳姆效应的影响，可能会出现在以下两个方面：

1. 无法真正了解自己。

一旦受到这种观念效应的影响，诸如“自己有多少能力、自己有什么潜力、自己的出路应该在何方”的问题，我们就不能找到正确的答案，而单纯地听信别人的说法和建议；

2. 无法把握好自己。

做任何事情都过于在乎别人的想法，只要别人不肯定自己，就会觉得自己做的都是错误的；

无法了解自己、把握自己是很多人生活不幸福、工作不顺利的原因之一。只有真正逃离巴纳姆效应的影响，我们才能对自己有一个真正的了解和认识，才不会生活在别人的眼神、意见之下。

许多年前，一位叫洛蕾丝的24岁的年轻妇女无意中读了美国心理学家纳撒尼雨·布兰登的一本书，找他来进行心理治疗。洛蕾丝有一副天使般的面孔，可骂起街来却粗俗不堪，她曾吸毒、卖淫。这并不是说她的本性是坏的，而是他们受到了周围人不好的暗示。要治疗洛蕾丝这类人，最好的办法就是让她走出这和不好的暗示，学会了解自己、把握自己。

起初，布兰登用催眠术使洛蕾丝回忆她在初中是个什么样的女孩子。结果显示，当时的洛蕾丝很聪明，但是不敢表现自己，怕引起同学的嫉妒。她在体育上比男孩强，招惹来一些人的讽刺挖苦，连她哥哥也怨恨她。这些经历使得洛蕾丝在心里面埋下了一个阴影：我是一个不受欢迎的没用的人。也正是这个阴影，将洛蕾丝带上了歧途。

布兰登让她做真空练习，她哭泣着写了这样一段话：你信任我，让我了解了自己，你使我感到痛苦，也感到了期望！你把我带到了真实的生活，我恨你！

一年半后，洛蕾丝考取洛杉矶大学学习写作，几年后成为一名记者，并结了婚。10年后的一天，布兰登和她在大街上邂逅，布兰登几乎认不出她了：衣着华丽，神态自若，生气勃勃，丝毫不见过去的创伤。寒暄之后，她说："是你让我找回我自己，让我了解了我自己，也让我把握了我自己。说实在的，我当时以为我这一辈子都要那样浑浑噩噩地过下去了，但是非常幸运，我遇到了你。那时我非常恨你！承认我是谁，我到底是什么人，这是我一生中从未遇到的事。人们常说承认自己的缺点是多么不容易的事，其实承认自己的美德更是不容易。"

洛蕾丝又重新找回了一个新的自我，最终成为对社会有所贡献的人。

正如案例中的洛蕾丝一样，很多人都无法找到自我，不知道自己能做什么、该做什么，以至于觉得在这个世界上找不到自己的位置。即便是活着，也总觉得自己是为别人而生活的，每天都要看从别人的眼神当中来判断自己做的到底是对还是错，每天都要千方百计地思考别人是不是给了自己什么暗示……很显然，这种活法让我们因为找不到自我而身心疲惫。那么要想改变这种情况，该如何去做呢？有以下几种途径：

1. 要学会面对自己。

所谓面对自己实际上就是要接受自己，包括自己的优点和缺点。因为这些优点和缺点才真正构成了一个完整的你。无论你自己承认不承认，这些都是客观存在的现实，你可以去改变，但是首先得承认并接受。可是很多人在面对自己缺点的时候，最先做的就是将缺点隐藏起来，不愿意面对。这和“掩耳盗铃”的笑话又有什么区别呢？要认识自己，首先必须要面对自己。

2. 培养一种收集信息的能力和敏锐的判断力。

你是怎么知道自己身上有缺点的？你是怎么知道自己身上有什么缺点的？最好的办法就是通过收集周边的信息，然后再行判断。如，你总是说话很大声，这到底是优点还是缺点呢？你可以通过征询他人的意见来判断。

很少有人天生就拥有明智和审慎的判断力，实际上，判断力是一种在收集信息的基础上进行决策的能力，信息对于判断的支持作用不容忽视，没有相当的信息收集，很难做出明智的决断。

3. 以人为镜，通过与自己身边的人在各方面的比较来认识自己。

自己的优点到底有多好？自己的缺点到底有多不好？一个简单的衡量办法就是通过与周边的人进行比较。在比较的时候，对象的选择至关重要。找不如自己的人作比较，或者拿自己的缺陷与别人的优点比，都会失之偏颇。因此，要根据自己的实际情况，选择条件相当的人作比较，找出自己在群体中的合适位置，这样认识自己，才比较客观。

4. 通过对重大事件，特别是重大的成功和失败认识自己。

重大事件中获得的经验和教训可以提供了解自己的个性、能力的信息，从中发现自己的长处和不足。越是在成功的巅峰和失败的低谷，就越能反映一个人的真实性格。无论是成功还是失败时，都应坚持辩证的观点，不忽视长处和优点，也要认清短处与不足。

不要把自己看得太重

没有太阳地球依旧环绕，没有星星夜空依然美妙。在这个世界大舞台上我们都是主角亦是配角，彼此之间没有谁对谁不可或缺，独自一人时尽情做自己的主角，或哭或笑，或悲或喜，即使无人欣赏也可以酣畅淋漓，但当我们踏入茫茫的人海，成为别人舞台上的过客，成为他别人生活的配角，自己的悲喜被繁杂冲淡，我们便要学会把自己放在角落的位置，不要太看重自己，没有在意就没有失落，没有失落也不会有怨恨。放开自己的心吧，也解开别人的心结，淡淡地生活着，快乐地生活着。

公元前五世纪前后英格兰岛上有一位亚瑟王，他和他身边的骑士们围坐在一个特大的圆桌旁，常常举行各种会议或仪式，象征着围桌而坐的人一律处于平等的地位，无席首席尾的席次之分，而圆桌所呈现出来的柔和感和曲线美使就座者很容易产生“亲切的关系”“和谐的交谈”“融洽的气氛与感受”，人们把对圆桌所产生的平等、亲切、和谐、融洽心理称为“圆桌效应”。

在现实生活中，或许我们在某些方面有优势、在某些方面比别人要好一点。于是很多人就开始凭借着这些优势之处来炫耀自己，总认为自己“优于别人、高于别人”，甚至不把任何人放在眼里。以一种“我是老大”的思维模式来面对生活中的人和事。

从某种程度上来说，这是一种盲目、过分自信的表现，而从另外一个角度来说，这是不具备“平等、亲切、和谐”意识的表现。很显然，这些人无论是为人处事，还是工作交友，都会不同程度地遭遇别人的拒绝，因为没有一个人会喜欢和那些“自以为是”的人交友合作。

由此看来，一旦受到圆桌效应的影响，就会产生两种后果：

1. 孤立自己。

如果你把自己看得太重，别人就不会想着和你交心、也不会把你当成知己，他们只会离你远远的，看着你一个人在那里表演，就像看一出小丑戏一样。这样无疑是可悲的。对于我们自己来说，也是孤单的、寂寞的。

2. 不能看到别人身上的优点，故步自封。

将自己看得太重，就会蒙蔽自己的双眼，将注意力放在自己身上，只看到自己的优点，而看不到自己的缺点，同样也看不到别人身上的优点，以至于活在自我之中。

由此可见，圆桌效应告诉我们的不仅仅是一种平等思维，而且还有如何正确看待自己的哲学。

有一个非常著名的歌手在成名之后突然间觉得自己身边的朋友越来越少，甚至连以前最知心、最铁的哥们儿也渐渐地离开了自己。这让他感到非常困惑：自己到底出了什么问题？虽然他努力思考，但是没有结果，反而将自己弄得筋疲力尽。为此，他决定休息一段时间。第二天，他请了假，准备回老家与同学相聚，顺便巩固一下自己的人际关系。

在去聚会的路上，他打了一辆出租车。一路上，司机只是一脸的冷漠，没有怎么与他搭过话，只是放了一段戏曲，这使歌手非常气恼。

“难道自己的名气还不够大？出租车司机竟然不认识我？”一路上歌手非常郁闷地想着。

临下车时，歌手问司机：“你为什么不放一些流行歌曲呢？”司机回答他：“我认识你，你不就是经常在电视里唱流行歌的嘛，你唱得是不错，但我从来没有认真听过，因为我不喜欢流行歌曲，我只喜欢听戏曲。”

突然间，这个歌手觉得很羞愧。同时，他也明白了，这个世界上不是所有的人都把你当成宝贝，所以你不要太自负，太把自己当回事，否则就会落得一个“孤寡之人”的下场。这也让他开始反思，自从成名之后，确实把自己看得太重了，处处都觉得自己高人一等，完全没有把别人放在眼里。

在聚会的时候，他尽量表现得很低调，对同学很亲切，就像昔日上学的时候一样。是出租车司机提醒了他，让他摆脱了作歌星的高姿态，与同学融为一体。很显然，休假回来之后，这位歌手简直像换了一个人，而身边的朋友也渐渐都回到了他的身边。

正如案例中的那位知名歌手一样，把自己看得太重，觉得凡事无己不行，有己便成，一副高高在上的姿态最终还是会被别人所抛弃。除此之外，把自己看得太重，在别人眼里，不仅有失谦逊之德，而且还不能客观地审视自己，自我过分膨胀，就会注定失去很多，就会让自己处于孤立状态，给自己的人生带来一个灰暗的阴影。

那么遇到这种情况，该如何改变、如何去做呢？以下几点不妨参考一下：

1. 给自己一个低的评价，对自己严厉一点。

当自我评价时，不妨把分打得低点，对自己严厉一些。以这种低姿态的形式出现，其结局往往会超过了自己所估计的，同时也能更加正确地认识自己、给自己有一个正确的定位、给自己设置正确可行的目标，让自己能够正确对待挫折和困难。

2. 时刻记住，自己只是一个普通人。

低调的人不会把自己看得太高，知道自己是个普通人，在别人面前始终保持着一份温和的态度。这样就能赢得更多的朋友，赢得更多人的心。相反，高调之人之所以觉得自己高人一等就是因为他们把自己看得太不普通，比如很多人都会说“我是公司的领导……所以我要……”“我是你的上司，所以我要……”这些刻意的提醒只会让对方觉得不舒服，并不会因此而赢得别人的尊重。

3. 多给别人一个露脸的机会。

在一个群体里，如果一个人太在乎自己的形象，便会不择手段地粉墨登台，争取一切出头露脸的机会。结果，其周围的人都成了“敌人”，自己则变成名副其实的孤家寡人。所以在适当的时候，给别人留一个露脸的机会，要知道任何一个人都有成名、被别人肯定的欲望，满足别人的这种欲望更能体现自己的精神。

4. 做得好，但是不一定要说出来，有成绩也不要过于张扬。

低调的人知道，如果真的拥有才华。踏踏实实地做就好了，即便没有趾高气扬地用嘴说出来，别人也能知道。那些所谓的“孤家寡人”，往往都是太过张扬的人。正所谓“良贾深藏若虚，君子盛德容貌若愚”，一个人只有藏其锋芒，收其锐气，才不会把自己太当回事，才能坦诚而平淡地看待自己。当然，也才不会时时有被埋没的危险。

低调做人的魅力

我们都有这样的印象，越是成就高、名气大的人，就越是谦恭、内敛、低调，不去追求那些华而不实的外在形式，不需要用那些五光十色的表现办法来证明自己的重要。爱因斯坦刚到美国时，常穿得随随便便，不修边幅，有人劝他穿好一点，他诙谐地说："穿那么好干什么，反正也没人认识我。"他后来名扬四海了，经常参加各种高规格的学术会议，又有人劝他穿好一点，他幽默地说："现在更没有必要穿那么好了，反正大家都认识我了。"因而，一提到爱因斯坦，我们就会想到一个头发蓬乱，一身旧西装，眼睛却亮得放光的天才老头。

水往低处流是自然界再普遍不过的现象了，正因为有了低地，才有了江河、湖泊、海洋。如同水往低处流一样，人们在交往过程中，也喜欢和那些处事低调、不张扬的人在一起，这种现象被心理学家形象地称作"洼地效应"。

在现实生活中，很多人因为有所成功就自以为自己很了不起，不把别人放在眼里，甚至还"单纯"地认为这些人一旦看到自己成功，就会想方设法地来靠近自己、巴结自己。其实这些人确实是想错了：确实在社会上有很多人为了自己的某种目的或者利益，主动去结交那些功成名就之人，但是从人们心底的想法来说，大家还是喜欢那些为人处事低调的人。

可是，非常遗憾的是，很多人并不懂的人们的这种想法，他们总是一味地在别人面前抬高自己、张扬自己的优势；甚至一厢情愿地认为别人会主动靠近自己、巴结自己……而实际上却没有。很显然，这些人的这种做法将会给他们自己的生活带来不少的负面影响：

1. 让你的朋友讨厌你。

每个人都有表现自己的欲望，如果你过分张扬，就会变相地剥夺对方表现自己的机会，自然而然，你身边的人会讨厌你，不愿意和你交朋友。

2. 犯自以为是的错误。

如果你过分地张扬自己，就会给自己一个错误的暗示：我什么都行，我说什么就是什么。而实际上呢？很多时候事实并不像你所认为的那样，你很容易掉入自以为是的陷阱之中。

3. 经常碰壁。

所谓“人在屋檐下，不得不低头”，一旦你处于困境之中，别人就不会想着如何帮助你，以使你脱离困境，而只会落井下石，在旁边看你的笑话。

王先生是一家出版社的编辑，并担任下属一家杂志的主编，很有才气，平时在单位里人们都非常尊敬他，包括主编、社长在内，都经常在会议中以王先生作为正面例子来鼓励其他员工。这让王先生备受关注，而他也认为自己是才气过人，所以每次在同事向自己咨询问题的时候，王先生总是有求必应，有问必答，上上下下关系都不错。

可是渐渐地人们发现，王先生的“尾巴”翘了起来，骄纵之色显露了出来，对同事也没有以前那么友好、那么尽心帮助了，甚至在荣誉面前还抢了别人的功劳。

有一次，他主编的杂志在一次评选中获了大奖，自然而然他非常高兴，也觉得非常光荣，逢人便提自己的努力与成就，同事们当然也向他表示祝贺，而他也当仁不让地全部接受。

但过了个把月，他却失去了往日的笑容。他发现单位的同事，包括他的上司和下属，似乎都在有意无意地和他过意不去，并回避着他。王先生一直没有搞清楚这是为什么？自己曾经是办公室里面的风光人物，可是现在为什么落得这样一个下场呢？

苦闷的王先生找不到答案。后来，他的一个客户帮他找到了原因，其实原因简单明了，他犯了“独享荣耀”的错误。就事论事，这份杂志之所以能得奖，主编的贡献当然很大，但这也离不了其他人的努力，他们当然也应分享这荣誉，总是认为自己“没有功劳也有苦劳”。所以这位主编“独享荣耀”，当然会引起别人不舒服，尤其是他的上司，更会因此而产生一种不安全感，害怕失去权力。自然而然大家也就选择回避他，冷淡他了。这时的王先生才恍然大悟，可是已经太迟了。

对于案例中的王先生来说，“低调做人”是他最需要学习的一门课程，他只有懂得低调做人，才能真正改善自己的人际关系、改善自己的生存状况。其实在日常生活中，像王先生一样的人并不少，总觉得自己很有才气，就不把任何人放在眼里，甚至抢别人的功劳。很显然，这样做对自己是很不利的。那么我们该如何做才不会犯这样的错误呢？做到以下几点：

1. 待人要平和。

平和待人留余地：“道有道法，行有行规”，做人也不例外，用平和的心态去对待人和事，也是符合客观要求的，因为低调做人才是跨进成功之门的钥匙。

2. 要懂得让步。

毛羽不丰时，要懂得让步：在自己确实没有能力，或者时机不成熟的时候要懂得退一步，给别人留个表现自己的机会，这同样是低调处事的一种方式。

3. 聪明也可以装糊涂。

大智若愚，不仅可以将有为视无为，聪明装糊涂，而且可以若无其事，装着不置可否的样子，不表明态度，然后静待时机。

4. 学会主动吃亏。

吃亏是福，是风度。任何时候，要学会主动吃亏，这样别人才会欣赏你、看重你。若一个人处处不肯吃亏，则处处必想占便宜，于是，妄想日生，骄心日盛。而一个人一旦有了骄狂的势，难免会侵害别人的利益，于是便起纷争，在四面楚歌之中，又焉有不败之理？

5. 善于为对手叫好。

为对手叫好是一种智慧：美德、智慧、修养，是我们处世的资本。为对手叫好，是一种谋略，能做到放低姿态为对手叫好的人，必能以宽容之心度他人之过、退一步海阔天空忍一时风平浪静。对于别人的过失，必要的指责无可厚非，但能以博大的胸怀去宽容别人，就会让世界变得更精彩。

6. 不要恃才傲物。

当你取得成绩时，你要感谢他人、与人分享、为人谦卑，这正好让他人吃下了一颗定心丸。如果你习惯了恃才傲物，看不起别人，那么总有一天你会独吞苦果！请记住：恃才傲物是做人一大忌。

7. 学会宽容。

容人之过，方显大家本色：大度睿智的低调做人，有时比横眉冷对的高高在上更有助于问题的解决。对他人的小过以大度相待，实际上也是一种低调做人的态度，这种态度会使人没齿难忘，终生感激。

8. 不要锋芒毕露。

做人要圆融通达，不要锋芒毕露：功成名就需要一种谦逊的态度，自觉地在名利场中做看客，开拓广阔心境。知足者常乐：生活中如能降低一些标准，退一步想一想，就能知足常乐。人应该体会到自己本来就是无所欠缺的，这就是最大的财富了。

情绪管理第一

人的自控能力大小跟人生成功与否有着密切的关系。心理学家经过长期研究认为：人与人之间的智商并没有明显的差别，但有的人之所以成功，有的人之所以未能成功，与各自的情商有密切关系。情商的要素之一就是人的自控能力，从某种意义上讲，情商表现的是人们通过控制自己的情绪来提高生活品质的能力，即如何激活自己的潜能，如何克制自己的情绪冲动，如何使自己始终对未来充满希望，等等。

1960年，美国麻省理工学院教授洛伦兹研究“长期天气预报”问题时，出现了疑难问题：她在计算机上用一组简化数据模拟天气的演变，原本是想利用计算机的高速运算来提高天气预报的准确性。但是，事与愿违，多次计算表明，初始条件的极微小差异，会导致错误的结论。

洛伦兹发现了微小差异导致的巨大反差，她用一个形象的比喻来表达这个发现，一只小小的蝴蝶在巴西上空振动翅膀，它煽动起来的小小漩涡与其他气流汇合，可能在一个月后的美国得克萨斯州会引起一场风暴——这就是著名的“蝴蝶效应”。

其实，人的内心情绪也是如此，坏情绪一般会沿着等级和强弱组成的社会关系链条依次传递。由金字塔尖一直扩散到最底层，无处发泄的最弱小的那一个元素，则成为最终的受害者。

可是非常遗憾的是，日常生活中，很少有人能正确地认识到这些小情绪会给自己的生活带来很大变化这么一个事实。在他们的心目中，一次小小的抱怨、发一次小小的脾气就像蝴蝶扇出的风那样微弱，却不知，正是这些微弱的风最终引起了可怕的风暴。

很显然，一旦陷入“蝴蝶效应”的“漩涡”之中，就会给自己的生活带来很大的危害：

1. 坏情绪的恶性循环。

有一组漫画显示，一个人在单位被领导训了一顿，心里很恼火，回家冲妻子发起了脾气，妻子无来由地被训，也很生气，就摔门而去。走在街上，一条宠物狗拦住了去路，“汪汪”狂吠，妻子更生气啦，就一脚踢过去，小狗受到踢打，狂奔路过一个老人面前，把老人吓了一跳。正巧这位老人有心脏病，被突然冲出的小狗一吓，当场心脏病发作，不治身亡。

2. 让生活失去了快乐。

每个人几乎每天都要面对不好的情绪，但是有的人始终快乐，而有的人则始终不开心。为什么？因为前者懂得避开“蝴蝶效应”，而后者则不懂得。现代社会中。工作与生活的压力越来越大，竞争越来越激烈。这种紧张很容易导致人们情绪的不稳定. 一点不如意就会使自己烦恼、愤怒起来. 如果不能及时调整这种消极因素带给自己的负面影响，就会身不由己地让自己的生活失去快乐，也让生活失去幸福。记得一位哲人说过：“你每发怒一分钟，便失去了六十秒的幸福。”

由此，“蝴蝶效应”告诉我们一个道理：小事情也是事情，小情绪也是情绪，如果处理不好这些“小字辈”，同样会把自己的生活搞得一团糟，没有快乐、没有幸福、没有成功。

路易斯·福克斯是世界上最优秀的台球选手之一。但是，有一次，他因比赛时临时出现了一点小事影响情绪，最终痛失夺冠的机会。

事情的具体情况是这样的：

那一年，世界台球冠军争夺赛在纽约举行。著名台球选手路易斯·福克斯十分得意；因为他远远领先于对手，只要再得几分便可登上冠军宝座了。

然而，正当他准备全力以赴拿下比赛时，发生了一件意外的小事：一只苍蝇落在主球上。路易斯原本没在意，一挥手赶走苍蝇，俯下身准备击球。可当他的目光落在主球上时，这只可恶的苍蝇又落到了主球上。在观众的笑声中，路易斯又去赶苍蝇，情绪受到了很大影响。

然而，这只苍蝇好像故意要和他作对，他的注意力一回到球台，苍蝇也跟着飞到了主球上。这惹得在场的观众开怀大笑。路易斯的情绪恶劣到了极点，终于失去了冷静和理智，愤怒地用球杆去击打苍蝇，不小心球杆碰动了主球，被裁判判为击球，从而失去了一轮机会。

更可怕的是经过了这次“苍蝇事件”，影响到了路易斯后来的发挥，甚至一到上场的时刻，路易斯的心中都会出现那个可怕的“苍蝇”，路易斯彻彻底底地被自己心中的“苍蝇”给打败了。

我们在为案例中的路易斯感到可惜的时候，是不是也可以扪心自问一下，在日常生活中，是不是也经常因为一些小情绪而影响了大事情呢？如果出现这种情况的时候，我们又该怎么去做呢？以下几种方法不妨参考一下：

1. 想方设法提高自己的心理素质。

无论做什么事情，心理素质非常重要。特别是在面对坏情绪的时候，心理素质的好坏将决定一个人是否会陷入“蝴蝶效应”的恶性循环之中。一个心理脆弱的人是无法冷静对待坏情绪的，在遇到“苍蝇”时是难以不受到其负面影响。因此，要想不被坏情绪所影响，就要提高自己的心理素质。

2. 培养自己的注意力。

一个注意力强的人，往往能够将自己所有的注意力集中于某一点，从而不受到外界的影响。试想，如果路易斯在遇到苍蝇的时候，能集中自己的注意力、不去理会，那么最后的成功还能失去吗?

3. 培养自己的意志力。

在做某件事时，一个意志力强的人，会死死盯着自己的主要目标，克服一切困难去突破障碍，从而实现自己的目标。这一种人即使遇到了“苍蝇”干扰，他们也会强忍“苍蝇”的干扰，直接挺进自己的目标。

不要死抱着以往的经验不放

成功的设计实践总是跟实验、应变联系在一起的。打破僵化，无拘无束，保持宽松开放、生气勃勃的环境，这是所有出色的设计管理的真谛。IDEO公司被称作“世界上最负盛名的设计公司”。其创始人托马斯·凯利直言：“IDEO是一个活生生的工作实验室，永远处在实验状态中。在我们的项目、我们的工作环境甚至我们的文化中，公司不断尝试新的想法。”

法国科学家约翰·法布尔曾经做过一个著名的实验. 称之为“毛毛虫实验”：他把许多毛毛虫放在一个花盆的边缘上. 使它们首尾相接围成一圈；同时，在离花盆不远的地方，撒了一些毛毛虫喜欢吃的松叶。那些首尾相连的毛毛虫开始一个跟着一个，绕着花盆的边缘一圈一圈地走，一个小时过去了，一天过去了，又一天过去了，这些毛毛虫还是夜以继日地绕着花盆的边缘在转圈。一连走了七天七夜，它们最终因为饥饿和筋疲力尽而相继死去。

毛毛虫之所以会在食物旁边相继死去，关键就在于它们习惯于固守原有的本能、习惯、先例和经验，而无法破除尾随习惯而转向去觅食。这和我们生活中很多人固守原有的认知模式的做法是一样的，心理学家便将这种现象称之为“毛毛虫效应”。

在日常生活中，什么样的认知模式是固守原有的呢？很简单，比如人们总是根据原有的思维、经验模式自以为是地去认定一些事情是正确的，另外一些事情是错误的。很显然，随着社会的发展，原先的一些做法、经验、思维方式已经落后，如果我们再按照这种方式去思考、解决现代的困难，无疑是在浪费时间。

总的来说，“毛毛虫效应”对我们的影响主要有以下几点：

1. 遏制我们的创新思维。

经年累月地按照一种既定的模式思考问题．不仅容易使人厌倦，更容易麻痹人的创造能力，影响潜能的发挥。

2. 滋长我们的惰性心理。

因为有现成的模式、习惯和经验，在遇到一些问题的时候，我们就会“偷懒”，不加思考就沿用传统的方法和习惯，长此以往，就会产生明显的惰性心理。由此可见，我们要想让自己不断地成长和发展，就要摒弃惰性，破除僵化的思维模式，才能取得更大的收获。

3. 盲目相信经验和习惯。

一旦陷入“毛毛虫效应”之中，人们就会盲目相信特定经验和习惯。即便面对的情况已经有所改变，人们也不会想着改变方法，只会沿用先前的经验和习惯，致使问题不能得到解决。

“毛毛虫效应”给了我们这样一个启示：固守原有的认知模式并不是聪明的处事之道，因为社会每时每刻都在变化、我们所面对的情况也随时都在变，所以我们的认知模式也应该进行改变，这样才能快速、正确地解决问题。

一次，一艘远洋海轮不幸触礁，沉没在汪洋大海里，其中九位船员拼死登上一座孤岛，才得以幸存下来。但接下来的情形更加糟糕，岛上除了石头，还是石头，没有任何可以用来充饥的东西，更为要命的是，在烈日的曝晒下，每个人口渴得冒烟，水成为最珍贵的东西。尽管四周是水——海水，可谁都知道，海水又苦又涩又咸，根本不能用来解渴。

现在，九个人唯一的生存希望是老天爷下雨或别的过往船只发现他们。等啊等，没有任何下雨的迹象，天际除了海水还是一望无边的海水，没有任何船只经过这个死一般寂静的岛。渐渐地，八个幸存的船员支撑不下去了，他们纷纷渴死在孤岛上。当最后一位船员快要渴死的时候，他实在忍受不住地扑进海水里，“咕嘟咕嘟”地喝了一肚子。

船员喝完海水，一点儿觉不出海水的苦涩味，相反觉得这海水又甘又甜，非常解渴。他想：也许这是自己渴死前的幻觉吧。便静静地躺在岛上，等着死神的降临。他睡了一觉，醒来后发现自己还活着，船员非常奇怪，于是他每天靠喝这岛边的海水度日，终于等来了救援的船只。人们化验这水发现，这儿由于有地下泉水的不断翻涌，所以海水实际上全是可口的泉水。

案例中另外八个船员的死去和毛毛虫的死去一样是很悲哀的，我们在感叹的同时也应该反省：自己是不是就是生活中的一只可怜的毛毛虫呢？其实很多人都是，对于这些人而言，如何才能摆脱“渴死”“饿死”的命运呢？不妨按照以下几点去做：

1. 了解自己。

每个人都是独立的个体，有着独立的心理模式。比如直爽的人心理模式是看到什么就是什么，而忧郁的人心理模式就是看到什么不相信什么……不同的心理模式在处理问题时选择的方法也不同。那么如何了解自己的心理模式呢？首先要了解自己，即你是一个什么样的人，有什么优缺点，习惯性的思维模式是什么样的。只有真正了解自己，才能判断你的心理模式是不是沿袭别人的心理模式。

2. 具备创新精神。

即在别人的经验习惯之上提出不同的思维方法，或者在不同的环境下采用不同的认知模式去解决事情。很多时候，很多人之所以不能正确地认识自己、改变自己，就是因为他们总是以固定的、守旧的目光来看待自己，虽然自己每天都在进步，但是你如果没有发现这一点，同样不会有什么很大的改变和突破。这也就意味着，我们只有具备了创新精神，才能正确地认识自己，才能在正确认识自己的基础上正确地解决问题。

3. 要善于观察，提高“嗅觉”的灵敏度。

人为什么不能固守原有的心理模式？因为环境在变、社会在变。那么我们又该如何做才能知道环境是否在变？如何才能知道社会是否在变？这就需要我们懂得观察、提高“嗅觉”的灵敏度，从而发现周围的异常。一个不善于观察的人不可能知道环境的变化，也不可能想着去改变自己的心理模式，这类人十之八九都是生活中的毛毛虫。

4. 懒惰是魔鬼，只有勤于改变才是成功的朋友。

为什么很多人都在固守原有的心理模式呢？因为这些人懒惰，不勤于改变，凡事只要能过得去也就可以。自然而然，这种心理日复一日、年复一年都在影响着工作生活。这些人的工作生活也就从来没有改变过。这是非常可悲的，也是非常危险的，毕竟社会的变化总有一天要淘汰你。

5. 学会抗干扰、学会坚持。

在生活中，也有一些人发现到了环境的变化，也对自己的心理模式作出了改变，但是在旁人的“劝说”“干扰”之下，又放弃了自己的改变，重新沿袭原来的模式。对于这些人而言，成功其实就在不远处，只要他们懂得抗拒周围人不正确的“干扰”，懂得坚持自己的改变。

成功的秘诀就是不受环境影响

中国有句话说：有志者事竟成。事实上远大的志向与坚定的信念就好比是一个人走向成功道路的基石。不论是谁，只要你自身具备这两个有利条件，只要你有信心要成功哪怕你没有文凭，或者没有高贵的身世，没有出众的外貌，甚至你是一名残疾人都有可能成功！因为这一切都是外在的，是客观的条件，对一个人的成功失败起不到太大的影响，关键是要有真才实学，有超过常人的心理素质！

在日常生活中，我们都有这样一个经验：同样的蔬菜在不同的水中浸泡一段时间后，将它们分开煮，其味道是不一样的。这是因为水的味道影响了蔬菜的味道，即蔬菜的味道已经不完全是它本身的味道了，里面夹杂着水的味道。社会心理学家就将这种现象称为“泡菜效应”。

那么“泡菜效应”对于日常生活中的我们有什么影响呢？这种影响很明显：让我们无法在各种各样的环境中正确地了解自己、解读自己。举个很简单的例子，如果你身边都是能力不及你的人，你可能会将自己解读成为一个“天才”，别人能做的事情你一定能做；可是如果你身处一个“人才济济”的环境之中，你可能会认为自己什么都不是，没有任何能力，是一个“蠢材”，什么事情都做不了。

你还是你，只不过是改变了一个环境而已，你对自己的解读就完全变了样子，甚至是截然相反，这就是环境对我们的影响。为什么很多人在遭受一些失败、自信心严重受挫的情况下会选择另外一个环境来平静自己的心情、恢复自己的自信心呢？利用的同样是泡菜效应。

由此可见，如果不能有效地了解“泡菜效应”对我们自身认识的影响，将会给我们的工作、生活带来以下影响：

1. 在各种各样的环境中做不好自身定位。

一旦你身处不同的环境之中，你就会以这些环境来衡量自己，从而得出自己“是优还是劣”的结论，那环境的不同，这种衡量水平也就不同，衡量的结果也就不同。这因为如此，很多人在这些复杂的环境中迷失了自我，找不准自身定位。

2. 受环境暗示、影响太大。

泡菜之所以在不同的水中浸泡过后味道会不同，就是因为它受到水的味道的影响。其实我们在自我认识的时候也是一样，一旦受到环境暗示、影响过多的时候，就陷入了自我认识的“迷魂阵”之中，不能正确地看待自己，更不能正确地了解自己。

3. 不能摆脱别人对自己的影响。

几乎所有的人都不能摆脱环境中其他人对自己的影响。甚至正是这些人的影响才构成了一个大的环境，也就是泡菜的水。如果我们陷入了“泡菜效应”之中，就难以摆脱水的味道对蔬菜味道的侵袭。

心心最近参加了一次同学会，正是这次同学会让她发现了自身存在的问题：别人都是开开心心地过日子，可是心心却每天过得像苦行僧，不仅心情不好，而且心态也不好。

刚开始的时候，同学们都以为这是心心最近的状态不好，可是渐渐地他们就发现，当年大学里那个活泼可爱的心心已经不复存在了，只留下一个埋怨生活、埋怨一切的人了。

心心到底怎么了？大家都在追问这个问题。后来在了解过程当中，同学们发现，其实心心并没有什么问题，只是她现在不能正确地认识自我。准确点说，她对自己的认识受到了环境的影响。这又是怎么回事呢？事情还得从头说起。

心心大学毕业之后，她就在做这份社区居委会的工作，并且一直做到了现在。大家都知道，居委会里面的工作人员都是一些中年人，并且多是中年妇女。她们的生活相对稳定，思维相对守旧，每当心心提出一个自认为很好的工作方案或者想法建议的时候，她的那些同事就会毫不犹豫地反驳她，甚至挖苦她：你以为这些事情有这么好解决的？你还年轻，很多想法还不成熟，多学学再说吧。

就这样，一次两次的，心心前卫的、创新的思维已经遭受到了严重的打击，以至于她现在对自己的想法都不知道到底是可行的还是不可行的，并且产生了严重的自卑心理。

另外，还有一点，心心所在的社区治安环境并不是很好，经常有打架斗殴的事情出现，她作为居委会的成员必须经常面对这方面的协调任务，甚至经常活在胆战心惊之中。久而久之，她的心态也就慢慢地开始变得浮躁，厌世情绪开始滋长，甚至有时候也产生了“以暴制暴”的想法。

在得知问题的根源之后，人们都在劝心心换个环境，心心也觉得自己应该做点什么了，这样下去可不行，不仅没有了自信，而且还可能没有了安宁的生活。

后来在同学的帮助下，心心开始在一个企业里面的外联部上班。竞争的环境、每天接触的人、环境立刻让心心变了一个人，她现在重新找准了定位，似乎又回到了青春时代，大学那个可爱活泼的心心又回来了。看着她的改变，同学们都会心地笑了。

从案例中的心心身上，我们可以得到这样一个启发：人在自我了解、定位的过程中，不仅仅受到自我意识的影响，而且也受到环境的影响。相比较而言，后者的影响更加严重。说到底，这就是泡菜效应给我们的影响。

那么在遇到这种情况的时候，我们该如何做才不会在环境中迷失自我，精确定位自我呢？

1. 不以成败论英雄。

“以成败论英雄”是很多人在自我定位的过程中常犯的一个错误：成功了，自信心就膨胀，失败了，自卑心理就滋长。这种单单凭借成败来衡量自己能力多寡、潜力高低的方法其实就是一种没有正确定位自己的表现。一个真正了解自己，对自己有着精确定位的人绝对不会因为一时的成败而改变对自己的看法。

2. 认准并坚持自己的看法。

最了解你自己的并不是别人，而是你自己。就凭这一点，在很多时候你就应该坚持自己的看法。举个很简单的例子：当别人觉得你不适合做某件事情的时候，你就应该衡量一下自己的能力，是不是适合，如果你觉得适合，那么就是适合的。你应该坚持自己的看法，不要被别人的三言两语所“说服”。记住，你是你自己的，不是别人的。

3. 不要太在乎别人的看法。

任何一个人在进入一个陌生环境的时候，都会想着要融入这个环境，这是人天生就具备的渗透性。而为了融入一个环境，我们往往很在乎已经身处这个环境之中的人的看法。如果我们的行为和他们的看法有什么出入，我们就会主动改变自己，和别人取得一致。从某种程度上来说，这就是在乎别人看法的真正原因。

很显然，一旦我们在乎别人的看法，就会受到别人看法的影响。在自我认识的过程中，如果我们太在乎别人的看法，就会乱了自己方寸，不知道到底该怎么做才是合适的，也不知道到底该怎么做才是正确的。自然而然，也就没有了自我，完全为了别人的看法而活着。这当然不是我们想要的，因此，我们在融入环境的过程当中，也要注意一点：不要太在乎别人的看法，否则就很容易在别人的“三言两语”中迷失自我。

你的想法并不一定是错的

相信自己是一种信念，它不是繁花如梦似锦，却如青松雪压不倒。正因为有了这样的信念，我们才会坚持到底，自信永远。听取意见是一种气度，它不是高天辽阔无际，却如大海容纳百川。正因为有了这样的气度，我们才会集思广益，从善如流。不是吗？相信自己不意味固执己见；听取意见也不代表亦步亦趋。

美国心理学家曾做过一个有趣的实验，在给大学心理系学生讲课时，向学生介绍说聘请到举世闻名的化学家。然后这位化学家说，他发现了一种新的化学物质，这种物质具有强烈的气味，但对人体无害。在这里只是想测一下大家的嗅觉。接着打开瓶盖，让学生一一去闻。过了一会儿，他要求闻到气味的同学举手，不少同学举了手。其实这只瓶子里只不过是蒸馏水，“化学家”是从外校请来的德语教师。这种由于接受名人的暗示所产生的信服和盲从现象被称为“名人效应”。

在现实生活中，利用“权威效应”的例子很多：做广告时请权威人物充当形象代言，在辩论说理时引用权威人物的话作为论据等。人际交往中，利用“权威效应”，还能够达到引导或改变对方的态度和行为的目的。也正因为如此，现实生活中很多人总是一味地相信权威的话，在自己的想法和权威者的想法产生冲突的时候，他们总是毫不犹豫地摈弃自己的想法，而追随权威者的看法和想法。

很显然，这种效应的正确性是有限的，因为无论是权威人士还是名人，在某些问题上也有可能出错，也会出现错误的判断。这也就意味着很多时候，我们自己的想法是正确，是可以坚持的。很可惜，有些时候我们没有这么去做，也不懂得这样去做，最终给我们的生活造成了一些不好的影响：

1. 变得不自信。

一旦自己的想法和权威人士的想法出现偏差的时候，很多人会自然而然地认为是自己错了，因为对方是权威人士，人贵言重。久而久之，这些人就会受到“权威人士”变相地打击，从而变得不自信。

在现代社会生活中，很多人之所以不自信、不能明确自己的能力和地位，很大程度上都是“权威人士”误导的结果。相信权威、迷信权威使得这些人不再相信、不再去思考和判断。

2. 埋没自己的想法和判断。

很多人总是喜欢听信权威之人的话，以至于对一件事情没有自己的看法和判断。在一定程度上，这是可取的，但是长此以往不仅会出错，而且还可能埋没自己的想法和判断，遇到任何事情都不去思考、不去判断，一味地听信别人。很显然，这是非常冒险的，也是不可取的。

从中我们可以得到这样一个启示：迷信权威并不是一个好习惯，它会让我们迷失自己，不相信自己，甚至被别人的言行牵着鼻子走。

有一名中文系的学生，经过一段时间的苦心撰写，终于将一篇小说写完了。他为了知道自己的水平到底如何，便请了当时一位著名的权威作家指评。可是这位权威的作家正患眼疾，于是这位学生便将作品读给作家。

读到最后一个字，学生停顿了下来。作家问：“结束了吗？”听语气似乎意犹未尽，渴望下文。这一问，煽起学生无比激情，他立刻灵感喷发，马上回答说："没有啊，下部分更精彩。"他以自己都难以置信的构思叙述下去。

到达一个段落后，作家又似乎难以割舍地问："结束了吗？"

小说一定勾魂摄魄，叫人欲罢不能！学生更兴奋，更激昂，更富于创作激情。他不可遏止地一而再再而三地持续，持续……最后，电话铃声骤然响起，打断了学生的思绪。

电话找作家有急事，作家匆匆准备出门。

"那么，没读完的小说呢？"学生问。

作家回答："其实你的小说早该收笔，在我第一次询问你是否结束的时候，就应该结束。何必画蛇添足？该停则止，看来，你还没有把握情节脉络，尤其是，缺少决断。"

"看来，决断是当作家的根本，否则绵延逶迤，拖泥带水，如何打动读者？"学生追悔莫及，自认性格过于受外界左右，作品难以把握，恐不是当作家的料。这位学生虽然心有不甘，但是在权威作家的"点评"之下，他转了行，做了一名不太成功的商人。更可怕的是从此以后，只要专家人物对这个学生的事情作出任何的点评，这为学生都会坚信不疑，并且"积极地"进行改变，只是让他不理解的是，自己的事业为什么总是停步不前呢？自己可是按照专家的话一步一步去做的。

多年以后，这名年轻人遇到另一位非常有名的作家，羞愧地谈及那段往事。谁知这位作家惊呼："你的反应如此迅速，思维如此敏锐，编造故事的能力如此之强，这些正是成为作家的天赋呀！假如能正确运用，你的作品一定脱颖而出。"

这名年轻人愕然：到底谁的话才是正确的？之后他也明白了一个道理：凡事还得自己做主，专家有专家的意见，但不一定正确。自己有自己的意见，也不一定错误。从此以后，他按照自己的想法开始整顿自己的巩固公司、生意，果然情况好转了很多。

正如案例中的年轻人一样，很多人都认为，只要跟着权威人士走，就不会出现错误，就能快速成功。事实证明，这些人的做法并没有达到自己想要的目的。正如故事中的那名年轻人一样，完全按照权威人士的话一步一步去做，并没有真正成功。由此可见，“权威效应”对我们一生所起到的影响并不小。因此，无论是在做人还是做事，都要避免犯“迷信专家”的错误。为了达到这个目的，我们可以采用以下几种方法：

1. 养成动脑筋思考问题的习惯。

做任何事情，只有经常动脑筋思考问题，才能够有自己的意见和看法，才能够正确分辨他人意见的利弊，才能够从他人意见那里获取有利于自己的部分，才可能及时发现专家意见的不足之处，从而不会去迷恋权威。

2. 正确认识专家的意见。

专家并不是神，也是人，并不是什么都懂，也会犯错误。专家的意见能够通过实践检验的，那就是正确可行的，通不过实践检验的，也就是错误的。因此，面对专家的意见，要积极地加以思考和论证；选取其中可行的部分，去掉其中不可行的部分，不能因为他“权威”就完全照办。

3. 敢于坚持自己的观点。

很多人对自己的决定不自信，总喜欢提出疑义，尤其是当他们的意见遭到专家的疑义时，他们就非常容易相信专家，而对自己本来很正确的观点和看法产生怀疑。因此，在遇到这种情况时，要敢于坚持自己的观点，尤其是在专家面前，显得尤为重要。

第二章

每天学点心理学，遇见更好的自己

为什么你总是自以为是地认为自己的某些想法、认知是正确的，而事实并不是如此。而恰恰也正是在这种错误认知的引导下，我们在不断地折腾自己，给自己的生活带来很大的不便。如果我们能懂得一点心理学，就能够帮助我们轻松地走出这一心理认知的误区，不再自我折腾自我，自寻烦恼。

积极向上是一种力量

著名的文学家托尔斯泰曾经说过："世界上只有两种人：一种是观望者，一种是行动者。大多数人想改变这个世界，但没人想改变自己。"想要改变现状，就要改变自己；要改变自己。就得改变自己的观念。一切成就，都是从正确的观念开始的。一连串的失败，也都是从错误的观念开始的。要适应社会，适应环境，适应变化，就要学会改变自己。

这是与破摔效应意义相反的一种积极效应：当一次大的挫折后，受挫人不仅不气馁，反而激发起改变现况、奋力向上的意志，从而迅速成功的心理效应，即奋起效应。

在生活当中，几乎每一个人都会遇到挫折，面对这些挫折我们该怎么办？有两种不同的处理方法：第一种人是一蹶不振，破罐子破摔，最终一事无成；第二种人是越挫越勇，1000次倒下就会有1001次站起来，最终获得成功。很显然，我们都希望自己成为第二种人。可是要成为第二种人，就必须具备一个条件：越挫越勇，而不是一蹶不振。这就是奋起效应想要告诉的道理：遇到挫折，不必气馁，不能破罐子破摔，而应该正视挫折，打败挫折，并重新站起来迎接成功。否则，在工作生活当中就会遇到以下几点困难：

1. 缺乏自信，自认为什么事情都做不好。

这是面对挫折很容易就产生的一种自卑心理，特别是在很多人自觉希望完全破灭的情况下，自信心会在短时间里崩溃，取而代之的则是无尽的自卑和对自己“无能”的评价。

2. 出现消极心态。

挫折的出现势必会对人的心态产生一定的打击作用。有的人越是打击越是坚强，而有的人则不然，一旦打击多了，就会出现消极心态。

在现实生活中，很多人之所以工作不顺利、生活不开心，多半情况就是没有处理好挫折对自己造成的影响，以至于产生了自卑心理，认定自己没有出息。在这种消极心态的影响下，最终被社会所抛弃。

小时候的富兰克林·罗斯福是一个胆小并且心理脆弱的小男孩，如果在学校被叫起来背诵课文，他就立即会表现出双腿发抖，嘴唇颤动等症状，并且回答的还含糊不清。因此他的脸上总是一种惊惧的表情，甚至连呼吸也变得像喘气一样，更为让别人为他感到悲哀的是，他竟然没有好看的面孔，因为他是实实在在的暴牙。

假如这种情况发生在其他的小孩子身上，那么这个小孩在心底里一定会很敏感，并且一定会回避任何的集体活动，性情变得孤僻，不喜欢交朋友，成为一个没人关心没人尊敬的人！

可是富兰克林·罗斯福并没有像人们所想象的那样去做，而是一直保持着一种积极的心态来面对自己所遇到的挫折。而正是这种心态，最终激发了他的奋斗精神。

一个人的缺陷促使一个人更努力地去奋斗，富兰克林·罗斯福正是这种人，他并未因为同伴的嘲笑而失去勇气，而恰恰是相反，他把自己喘气的习惯变成了一种坚定的嘶声，用自己的牙齿咬紧自己的嘴唇而使它不颤动，从而克服了他的胆小和恐惧。也就是这种奋斗精神，他终最终成了美国一个伟大的总统。

富兰克林·罗斯福并没有因为自己有那么多的缺陷而放弃追求的努力，而是很好的利用自己的缺陷，成为一种无形的资本，最终走到成功的巅峰，成为美国第一个最得人心的总统。我们在感动于他的事迹时，是否也能趁机改变一下自己，利用一下奋起效应，激励自己走向成功呢？很显然，大家都想这么做。那么该如何去执行呢？不急，以下就是比较实用的方法：

1. 别把挫折绝对化。

很多人在遇到挫折的时候不是从客观事物出发，而是从主观愿望出发，缺乏对变故的思想准备，遇到挫折容易导致心理失调。要想改变这种状况，就不能绝对化挫折，要知道，挫折背后往往就是一个机遇，只要你善于寻找，总有你需要的。

2. 别把挫折概括化。

所谓挫折概括化是指以一时一事的结果来评价自己或他人，甚至否定自己或他人的整体价值，以点概面，以偏概全，遇到挫折就容易导致因全面否定自己或他人而心理失调。同样，要利用奋起效应来激励自己，就不能将挫折概括化。

3. 别把挫折夸大化。

所谓挫折夸大化是指对事情的后果想得过分严重、可怕。有这种思维方式的人遇到挫折容易因自畏、自卑而导致心理失调，甚至自寻绝路。显然，这种心态对于成功来说是危险的、致命的。

4. 懂得自我调节。

自我调节，即想方设法自己反驳自己，用正确的观念来反驳不正确的观念，进行逻辑推理，最终产生积极的调节效果。

5. 学会接受外部的诱引劝说。

学会外部的诱引劝说是另一条重要途径，通过诱导、劝说改变个体对事件的认知评价。比如在遭遇挫折的时候能接受别人的诱导和劝说，重新振作起来，而不是一蹶不振、破罐子破摔。曾经有人说过这样一句话：我之所以成功，并不是我的倒下的次数比别人少，而是我站起来的次数比别人多罢了。

看问题不能想当然

在现实社会中，很多人都有这样一个心理：如果自己从事的是一份自认为不值得的事情，往往会持冷嘲热讽、敷衍了事的态度。不仅成功率小，即使成功，也不会觉得有多大的成就感。相反，如果自己从事的是一份自认为值得的事情，往往会抱着积极、细心谨慎的态度。不仅成功率大，即使要付出很多，也会觉得很高兴，因为这是值得自己付出的。社会心理学家将这种心理现象命名为“不值得定律”。

在日常生活中，很多人在遇到一件事情的事情，总是想当然地认为这件事情是不是值得自己去做，然后在这种想法的指引下，决定是否用心去做。也正因为如此，一些人在做某些事情的时候，一开始就表现得心不在焉、敷衍了事，自然而然最终以失败而告终。很显然，这并不是我们想要的结果。

不值得定律告诉我们这样一个道理：不要想当然地认为一些事情不值得自己去做，因为你根本不知道这些事情会对你有什么样的帮助。一旦你自以为是错误了，就会给自己的生活、工作带来很多不利的影响：

1. 产生厌烦情绪，导致事情无法完成。

如果你觉得一件事情不值得你去做，而现实是你必须得做，自然而然，你会对这些事情产生厌烦情绪，这些工作也就无法完成。

2. 破坏良好的心态，从而错失成功机遇。

成功的机遇不是从天而降的，而是自己发现和把握的。从哪里才能发现成功的机遇呢？很显然，做好每一件事情你才有可能成功，而只有具备良好的心态，才能真正做好每一件事情。

事实也是如此，成功绝对不会降临在那些总认为自己不值得去做某事的人身上，只有你真正用心去做某件事情，才能圆满完成任务，才能获得最后的成功。

一个鞋匠接了顾客的一双鞋来修理，但是当鞋修好以后，顾客发现他所做的绝不只是修理工作。他在每只鞋里都放上了一块用蜡纸包着的巧克力夹心饼干，并且附上一张纸条："任何值得一做的事情就是值得做好的事。"然后把鞋交给顾客。

美国著名的电视新闻节目主持人沃尔特·克朗凯特刚开始读到这句话的时候，并没有引起足够的重视，没想到不久之后，他就有了切身的体会。

沃尔特·克朗凯特很小的时候就对新闻感兴趣，14岁时，他还成了校报《校园新闻》的小记者。每周学校还会请休斯敦一家日报社的新闻编辑弗雷德·伯尼先生来给小记者们讲授个小时的新闻课程，并指导校报的编辑工作。有一次，克朗凯特被安排写一篇关于学校田径教练卡普·哈丁的文章。可是，那天正是克朗凯特一个好朋友的生日，他必须去参加朋友的生日聚会，克朗凯特只好胡乱编写了一篇稿子交了上去。

第二天，克朗凯特被弗雷德叫到办公室。弗雷德很生气地说："克朗凯特，你的文章糟糕极了，根本就不像一篇采访稿件，该问的没问，该写的没写，你甚至连被采访者是干什么的都没弄清。克朗凯特，你应该记住，如果有什么事情值得去做，就得把它做好。"

如果有什么事情值得去做，就得把它做好——这句话成了克朗凯特的座右铭，一直鞭策了他70多年，正是因为这句话，克朗凯特才对新闻事业忠贞不渝。

其实，我们也应该像案例中弗雷德教训克朗凯特一样教训一下自己：看问题不要想当然，不要想当然地认为这件事情值得自己去做，那件事情不值得自己去做，只有真正你去做了之后才会知道哪些事情是该做的，哪些事情是不该做的，可是到那时候又有什么用呢？显然，对于任何一个人来说，要想获得更大的发展和成功，就必须做好每一件事情。时刻记住"不值得定律"给自己的启示，以下是需要把握的要点：

1. 让事情符合自己的价值观。

很多人都知道，只有符合自己价值观的事，我们才会满怀热情地去做，并且一直追求最为接近完美的效果。那么我们为何不利用这种心理呢？在面对一件事情的时候，最好能从这件事情中提取出符合自己价值观的部分。比如在公司打杂，你就可以从中提取出"融入公司""让上司注意到自己"等符合"进入上流"价值观的要素。

2. 了解自己的个性和气质。

一个人如果做一份与他的个性气质完全背离的工作，他是很难做好的。

如一个好交往的人成了档案员，或一个害羞者不得不每天和不同的人打交道。因此，在选择一份工作或者一件事情的时候，最好能事先对自己的个性和气质进行一个初步的判断，然后选择符合自己个性和气质的工作。

3. 了解现实的处境。

同样一份工作，在不同的处境下去做，给我们的感受也是不同的。例如，在一家大公司，如果你最初做的是打杂跑腿的工作，你很可能认为是不值得的，可是，一旦你被提升为领班或部门经理，你就不会这样认为了。

4. 给自己必要的期望。

如果你对一件事情任何期望都没有，失败与否都无所谓，自然你也就不会想着去做好这件事情。可是一旦有了期望，比如通过做好这件事情我就能得到什么好处，那么你肯定会想方设法去胜任这个工作、做好这件事情。这就是期望的力量，我们同样可以进行利用。

5. 了解事情的重要性。

如果你不知道你所做的事情到底有多么重要，你可能会敷衍了事；相反，你如果知道这件事情对你或者对别人非常重要，你自然而然会加倍小心，以求不出差错。这种事情的重要性同样是约束你将事情做好的因素之一，我们也应该加以利用。

你所看到的并不一定是你所想的

萧伯纳曾说："明智的人使自己适应世界，而不明智的人坚持要世界适应自己。"变通是天地间的大智慧，是才能中的才能。人生处世面对层出不穷的矛盾和变化，最有效的办法就是要学会变通。从某种意义讲，变通就是寻求一种解决问题的新方法。遇到新的情况，就换新的想法去应对。如果只是墨守成规，不知道运用巧思，灵活变化，不要说成功不了，还有可能会吃大亏。

1907年，近代杰出的心理学家詹姆斯从哈佛大学退休。同时退休的还有他的好友、物理学家卡尔森。一天，俩人打赌。詹姆斯说："老伙计，我一定会让你不久就养上一只鸟。"

卡尔森笑着摇头："我不信！因为我从来就没想过养一只鸟。"没过几天，恰逢卡尔森生日，詹姆斯送上了礼物——一只精致的鸟笼。卡尔森笑着收下了："我只当它是一件漂亮的工艺品。"从此以后，只要客人到访，看见书桌旁那只空荡荡的鸟笼，他们几乎都会无一例外地问："教授，你养的鸟什么时候死了？"卡尔森只好一次次向客人解释："我从来就没有养过鸟。"然而，这种回答每每换来的却是客人困惑甚至有些不信任的目光。最后，出于无奈，卡尔森教授只好买了一只鸟，詹姆斯的"鸟笼效应"奏效了。

有鸟笼就应该有鸟，如果没有，就只有两种情况：要么就是鸟跑了，要么就是鸟死了。如果主人说从来就没有养过鸟，绝大多数人都会不信，这是很多人都有的惯性思维。所谓的惯性说白了就是一种想当然的做法：看到一个男的和一个女的在一起，我们就会想当然地认为他们是两口子；同样的道理，我们看到一个人非常努力地去做某件事情，我们就会想当然地认为这件事情对他来说非常重要……

很显然，这种想法并不一定正确，就如卡尔森所遇到的事情一样：自己确实没有养过鸟，仅仅只是一个空鸟笼而已，但是别人愣是不相信自己。从中我们就可以看出鸟笼效应的可怕性。这种可怕性体现在以下几个方面：

1. 让自己掉入自以为是的魔圈之中。

如果你总是认为自己所看到的事情和自己所想的是一样的，很可能就会出现自以为是的错误。有鸟笼的人并不一定都是养鸟的，很多人仅仅是喜欢这个鸟笼而已。很多时候，我们之所以会犯一些低级、幼稚的错误，往往就是因为我们自以为是。

2. 不相信别人的建议和说法。

因为你在看到这件事情的时候，已经先入为主，有了自己的想法，这种想法就会占据你的思维，以至于别人再说什么的时候，你就很难接受和相信了。其实我们都知道，很多时候别人的建议和说法是正确的，如果我们排斥这种想法和建议，势必会造成失败的结果。

由此，我们得出这样一个结论：生活中的很多事情，并不像我们所看到的那么简单，只有我们全面、客观地去了解这些事情，才能得到事情的真相，才不会陷入自以为是的陷阱之中。

沈蔚最近惹上麻烦了，老板一家的生活被她的一句话给搅乱了，老板正在想怎么处理沈蔚呢。而让她惹上麻烦的正是她自以为“锐利”的眼光。那么这究竟又是怎么回事呢？事情还得从沈蔚一次无意中的发现说起：

那天沈蔚下班后并没有回家，而是在公司附近等自己的朋友一起吃饭，远远中，她看见老板一个年轻的女性向公司走来，一路上有说有笑，样子非常亲密……

看到这里，沈蔚的脑子就开始转开了：老板有自己的老婆，身边又多了这么一个年轻漂亮的小姐。此时在沈蔚的脑子中，“二奶”的概念一闪而过？难不成……

第二天，沈蔚就偷偷地和自己的同事说开了：老板在包二奶。同事不相信，她就把自己的所见所闻统统说了出来，甚至还添油加醋，以自圆其说。很快，这个爆炸性的新闻传遍了整个公司，也不知道怎么回事，连老板的老婆都听说了。

这一下，篓子可就捅大了，老板的老婆到公司兴师问罪，并且抬出了自己的证据：沈蔚的所见所闻。毫无疑问，沈蔚被推到了风口浪尖之上……虽然经过一番核对调查之后，老板“洗清了自己的罪名”——原来那个年轻漂亮的小姐，不是别人，正是老板从小相依为命的妹妹，而根本不是什么“二奶”。是沈蔚自以为是地认为她就是老板的“二奶”，甚至还自以为是地认为“所有的男人一有钱就变坏”。这一下，沈蔚可被自己害苦了。

在我们的生活中，难免会犯案例中沈蔚一样的错误：遇到事情不去调查真相，而是自以为是地认为事情的真相是什么，以至于很多时候我们不问青红皂白、颠倒是非，给自己或者别人的生活造成一定的麻烦。很显然，这并不是我们希望出现的结果。那么我们到底该怎么做才不会犯这样的错误呢？以下几条建议不妨一试：

1. 告诉自己：没有调查就没有发言权。

调查是获取真相最为有效的方法之一，虽然很多人对这句话都不陌生，但是真正面临问题的时候，却很少有人真正这么去做。这也正是我们犯一些低级、幼稚错误的主要原因。很多事情并不是没有真相，而是我们自以为是地想法埋没了真相。因此，我们一定要让自己明白调查的重要性。

2. 如果不懂，就去询问别人。

我们不可能对这个世界上所有的事情都清楚，可是很多人虽然明知道这个现实，却在面临很多问题的时候按照自己的想法去思考、却解决，根本不顾自己是不是懂得其中的原理或者真相。很显然，这种盲目的行为势必会导致最后的失败。如果要避免这种情况的出现，最好的办法还是去询问别人，而不是充大头。

3. 换个角度思考问题。

每个问题都会有不同的角度供人们去认识和思考，而我们中的很多人之所以没能将这些问题研究清楚，关键就在于我们总是站在一个固定的角度去思考问题，没有想到事情可能还有别的可能。以案例中的沈蔚为例，看见老板和一个年轻漂亮的小姐谈笑风生，她就站在女人的角度去思考问题：男人有钱就变化，男人变坏就去包二奶……试想，如果她能站在其他的角度去思考问题，这种误会是不是就能消除呢？

4. 接收新的信息。

现在是一个信息社会，信息的多寡、好坏将直接决定我们对某件事情的认识是不是正确。这也从侧面反映了一个事实：如果我们要想不犯一些自以为是的错误，就必须接受一些新的、正确的信息。试想，如果案例中的沈蔚知道老板还有个相依为命的妹妹，是不是也不会出现这种误会了呢？

5. 做一些分析。

遇到问题的时候，最重要的不是下结论，而是对问题进行了解和分析，从而对问题有一个全面的、正确的了解。

从低起点中磨砺出的高成就

低起点成功的经典代表，或许是多年前叱咤一时的“中国打工女皇”吴士宏。从沏茶倒水的员工到微软中国的总经理、TCL董事副总裁，这样的都市传奇最受大众欢迎，可以励志，更可以在津津乐道中满足各种好奇和想象。

但更多的时候，那些站在职场低起点的人并不会获得关注和鼓励。因为人们普遍的看法是，职场如战场，一旦输在起跑线上，再想往上走就举步维艰了。所谓传奇，毕竟只是少数人的奇迹。

心理学家查尔迪尼在替慈善机构募捐时，仅仅是附加了一句话“哪怕只是一分钱也好”，就多募捐到一倍的钱物，这就是著名的“门槛效应”。在人们心目中总是有这样一种想法：有足够的能力才能去做某事、要想获得大的成功，就必须有一个比较高的起点。那么事实上是不是如此呢？很显然不是。募捐并不一定要有很多钱，并不是富翁的专利，即便只有一分钱，你同样可以去募捐。

映射到我们的生活工作，就是告诉我们一个道理：低起点同样可以获得大的成就。很遗憾的是，无论是在生活还是工作中，很多人根据自己的起点给自己设定了一个终点：比如，打工最多只能做到部门经理；当老板的只能在国内做；甚至很多人在不经意的言辞之间都会透露出这样的信息：我是一个不入流的人，那样大的成功怎么可能属于我呢？于是他们在众多的成功机会面前不去努力，最终与功成名就擦肩而过。因为在他们心目中，要获得那样巨大的成功，必须具备一个很高的门槛，必须站在一个很高的地方，而自己的起点如此之低，又怎能够到？

这种人的做法好比给自己的思维上了一道枷锁，主动地阻止自己去追求更大的成功。很显然，他们的这种做法给生活带来一些负面的影响：

1. 打消自己的积极性。

在很多人心目中，既然自己是处在低起点，那么就只能破罐子破摔，不去努力，不去挑战自己。在这种心态的引导下，积极性很快就会消失殆尽，做任何事情都很难获得成功。

2. 让自己变得不自信。

因为消极态度的影响，这些人确实很难获得成功，而一旦遭遇失败，这些人的自信心就会遭受严重的打击，从而变得不自信。甚至还会“宽慰”自己：我们起点低，只能这样，谁让我们的命不好呢？

事实正是如此，很多人一直觉得自己不是做大事情的料，自己不可能获得很大的成功，自己能出人头地简直就是天方夜谭，在这种心理暗示之下，这些人怎么可能想着去突破自己、挑战自己、成就自己呢？其实，任何人都有可能成功，就像任何人都可以去捐款一样，成功并不需要高起点，低起点同样可以获得大成就，只要你相信自己即可。

美国商人斯太菲克是一个退役军人，在医院疗养期间，他读了《思考和致富》一书，深受启发，他很想实践一下书中所说的话，通过自己的思考变成一个有钱人。

躺在医院的床上，他苦思冥想，一连想了许多主意：创办一个信息中心、开办一所疗养院、与别人合伙搞一个广告公司、建立一个电视台……他为自己的种种想法兴奋不已。可是，他很快就高兴不起来了，因为他发现要做的事情虽然都是能引起轰动效应的大事，但尽快实现的可能性极小，自己连起码的资金都不具备，又怎么能做成这些大事情呢？

很快，他的自信心被自己的这句话给打消了。接下来的几天，他又陷入了悲观绝望之中。突然有一天，他看到了一篇小故事：故事上说长颈鹿取笑蚂蚁，只能在地上爬，不能像自己一样站得高，看得远，还能吃到树枝上的嫩叶。蚂蚁没有说话，只是一个劲地在树上爬，不久之后，它就爬到了高枝上面，也吃到了长颈鹿说的那枝嫩叶。这下蚂蚁开口说话了："谁说非得要站得这么高才能吃到嫩叶呢，我在地上爬的不照样也能吃到？……"

"对啊，我现在就是蚂蚁，我只要不断地努力，就能吃到树枝上的嫩叶，就能做成大事业！"斯太菲克被自己的想法吓了一跳，"我现在身无分文，又该如何去做啊？"

最终他决定，从一些不怎么挣钱的小事业做起，然后再慢慢做大。就像那只可敬的蚂蚁一样，从地上一直爬到树枝，最终还是能够成功。决定下来的斯太菲克开始四处寻找商机。

一天，护士给他送来了洗好的衣服。衣服是送到洗衣店里去洗的，洗衣店洗好熨烫好以后由护士帮助领回来。看到叠得整整齐齐的衣服，斯太菲克的眼睛一亮。原来，洗衣店总是把烫好的衣服折叠在一块硬纸板上，以保持衬衣的硬度，避免打皱。正是这块纸板使斯太菲克点燃了智慧的火花，他有了一个新奇的想法。

他给洗衣店写了信，得悉这种衬衣纸板每千张的价格需要4美元。他想以每千张1美元的价格出售纸板，但要在每张纸板上刊登广告。登广告的人所付的费用归他所有。这件事在许多人看来都是一件小得不能再小的事情了，谁会在意每千张纸板才1美元的生意呢？斯太菲克的朋友甚至讽刺他说：“如果你不是做生意的材料就认输吧，站在马路上说不定一天也不止捡到1美元！”可斯太菲克却不这样看，他知道自己还有更大的目标，但是无论什么样的目标都必须从小事做起。

从疗养院出来后，他就把全部精力投入到行动中，把想象的事情变成了现实。

过了一段时间，斯太菲克的客户越来越多，他自己也积累了一些经验，这时，他决定把生意做得再大一些。他发现衬衣上的纸板一旦被撤除后，就不会被洗衣的顾客所保留。怎样才能使顾客保留登有广告的纸板呢？他又想出了一个新办法：在衬衣纸板的一面仍然印广告，另一面印上有趣的儿童游戏或主妇菜谱、字谜、谚语、小常识等。这一招果然很奏效。许多家庭主妇不等衣服穿脏就又送到洗衣店去洗。洗衣店一看生意多了起来，也很高兴，十分愿意定购斯太菲克的纸板，因此，斯太菲克的生意也跟着越做越大。最终他也像那只可敬的蚂蚁一样，吃到了高枝上的嫩叶。

我们中的很多人正和案例中的斯太菲克一样，起点很低，甚至身无分文，以至于不知道自己要做什么、能做什么。甚至很多人还因此而认定自己一辈子默默无闻，没有什么出息。其实我们完全不必这么去想，只要我们志在成功，我们就能获得成功，无论起点在哪，有多高。

那么具体到现实生活中，我们到底该怎么去做呢？主要有以下几个要点：

1. 接受自己不好的人生起点

正如每个人不能选择出身一样，我们同样不能选择起点，或者说不能随意更改自己的起点。那么我们该怎么办呢？很简单，接受自己不好的人生起点，努力奋斗，善于挑战自己、突破自己，善于去尝试，这样我们同样可以做得很好。

2. 起点不能改变，心态可以改变

要成功，首先要关注的并不是成功的起点，而是成功的心态。一个人可以起点不高，但是不能心态不好。正如一个哲人所说，一个落魄的乞丐只要心存改变之心，同样可以获得成功。而一个心怀乞丐心态的富翁迟早要变成真正的乞丐。这句话形象地说明了起点、心态和成功之间的辩证关系。

3. 懂得低起点的可取之处

低起点有什么可取之处？很多人都不明白。其实低起点最大的可取之处就是有一个平和的心态。正如有的家长在安慰考倒数第一名的孩子那样：你再也没有压力了。一旦我们处在低起点的位置，我们同样也就没有压力了，心态也就变得平和了，能成功更好，不能成功也就罢了。

4. 告诉自己：别人的起点可能更糟

这是一种典型的自我安慰的方式，因为人一旦有了不平衡的心理，有再大的优势也不能成功。而告诉自己别人的起点可能更糟，就很容易让自己的心理变得平衡，从而摆脱一系列的压力，轻装上阵，更快地走向成功。

5. 把困难当作机遇

在成功路上，并不仅仅只有危机的背后有机遇，其实在困难的背后同样有机遇。我们所要做的并不是害怕困难、躲避困难，而是将困难当成机遇，勇敢地去解决、挑战。

用宽恕冷却仇恨

莎士比亚说："不要为你的敌人燃起一把怒火，结果烧伤的是你自己。"我们总是记住仇恨，燃起仇恨的怒火，结果燃烧了自己，也烧伤了别人。做人就应该宽容，用宽容的心去溶解仇恨，只有溶解了仇恨，心才是轻松的，才会容纳更多的朋友。

希腊神话故事中有位英雄大力士叫海格力斯，一天，他走在坎坷不平的路上，看见脚边有个像鼓起的袋子样的东西，很难看，海格力斯便踩了那东西一脚。谁知那东西不但没被海格力斯一脚踩破，反而膨胀起来，并成倍成倍地加大，这激怒了英雄海格力斯。他顺手操起一根碗口粗的木棒砸那个怪东西，好家伙，那东西竟膨胀到把路也堵死了。海格力斯奈何不了他。正当他在纳闷之时，一位圣者走到海格力斯跟前对他说："朋友，快别动它了，忘了它，离它远去吧。它叫仇恨袋，你不惹它，它便会小如当初；你若侵犯它，它就会膨胀起来与你敌对到底。"仇恨正如海格力斯所遇到的这个袋子，开始很小，如果你忽略它，矛盾化解，它会自然消失；如果你与它过不去，加恨于它，它会加倍地报复。于是社会心理学家将"以眼还眼，以牙还牙""以其人之道还治其人之身""你跟我过不去，我也让你不痛快"的心理现象称为"海格力斯效应"。

"海格力斯效应"是指一对一的人际互动，是一种人际间或群体间存在的冤冤相报、致使仇恨越来越深的社会心理效应。在日常生活中，我们经常会遇到为某件事情争得面红耳赤、甚至大打出手的两个人，甚至还有的人为了所谓的"家族仇恨"，几十年以来都在冤冤相报的，这些都是深陷"海格力斯效应"而不能自拔的人。很显然，如果深陷"海格力斯效应"将会让自己深陷以下麻烦之中：

1. 让自己失去理智。

很多人为了所谓的仇恨，一辈子或者在很长一段时间里都在寻找"报复"的机会，以至于将自己的一生，或者最美好的时光都浪费在丑陋的仇恨之中，无休无止。对于这些人来说，没有快乐、没有愉悦，心中惟一有的就是仇恨。

2. 仇恨心理越来越严重。

很显然，当某个人对一件事情或者对一个人心怀仇恨，并且这种心理一再膨胀的话，他们就会将这种意识强加到自己所能见到的、接触到的事情和人身上，最终他们的心理产生扭曲变形。

无论是失去理智还是仇恨心理的膨胀，都会影响到我们正常的生活、工作、交际，这种影响不仅仅是外在的影响，而且还是内在的、心理的影响。任何人如果心怀仇恨，他们就看不到别人身上的优点、就不能看到这个世界的美丽、就不能够生活得愉快幸福。因此，我们必须时时刻刻牢记一句话：冷却你的仇恨心理。这就是"海格力斯效应"给我们最大的启示。

法正是一位德高望重的老禅师，每年都有成千上万的人去请他解答疑问，或者拜他为师。这天，寺里来了几十个人，全都是心中充满了仇恨而因此活得痛苦的人。他们跑来请法正禅师替他们想一个办法，消除心中的仇恨。

法正禅师听说他们的痛苦后，笑着对他们说："我屋里有一堆铁饼，你们把自己所仇恨的人的名字一一写在纸条上，然后一个名字贴在一个铁饼上，最后再将那些铁饼全都背起来！"大家不明就里，都按照法正禅师说的去做了。于是那些仇恨少的人就背上了几块铁饼，而那些仇恨多的人则背起了十几块，甚至几十块铁饼。

一块铁饼有两斤重，背几十块铁饼就有上百斤重。仇恨多的人背着铁饼难受至极，一会儿就叫起来了，"禅师，能让我放下铁饼来歇一歇吗？"法正禅师说："你们感到很难受，是吧！你们背的岂止是铁饼，那是你们的仇恨，你们的仇恨你们可曾放下过？"大家不由自主地抱怨起来，私下小声说："我们是来请他帮我们消除痛苦的，可他却让我们如此受罪，还说是什么有德的禅师呢，我看也就不过如此！"

法正禅师虽然人老了，但是却耳聪目明，他听到了，一点也不生气，反而微笑着对大家说："我让你们背铁饼，你们就对我仇恨起来了，可见你们的仇恨之心不小呀！你们越是恨我，我就越是要你们背！"有人高声叫起来："我看你是在想法子整我们，我不背了！"那个人说着当真就将身上的铁饼放下了。接着又有人将铁饼放下了。法正禅师见了，只笑不语。终于大部分人都撑不住了，一个个悄悄地将身上的铁饼取些出来扔了。法正禅师见了说："你们大家都感到无比难受了，都放下吧！"大家一听立即就将铁饼放了下来，然后坐在地上休息。

法正禅师笑着说："现在，你们感到很轻松，对吧！你们的仇恨就好像那些铁饼一样，你们一直把它背负着，因此就感到自己很难受很痛苦。如果你们像放下铁饼一样放弃自己的仇恨，你们也就会如释重负，不再痛苦了！"大家听了不由地相视一笑，各自吐了一口气。法正禅师接着说道："你们背铁饼背了一会儿就感到痛苦，又怎能让仇恨背负一辈子呢？现在，你们心中还有仇恨吗？"大家笑着说："没有了！你这办法真好，让我们不敢也不愿再在心里存半点仇恨了！"

法正禅师笑着说："仇恨是重负，一个人不肯放弃自己心中的仇恨，不能原谅别人，其实就是自己在仇恨自己，自己跟自己过不去，自己让自己受罪！仇恨越多的人，他也就活得越苦。一个人没有仇恨之心，他才能活得快乐！"大家恍然大悟。

正如案例中发证禅师说的一样，仇恨是重负，如果你总是不愿意放弃心中的仇恨，不能原谅别人，那么你就会活得很累，就会积下不少的心结，这只会给你带来更多的不快乐和更多的烦恼，会使自己生活在痛苦中，始终不能得到解脱。其实，在这个世界上没有化解不了的仇恨，在人与人之间，最需要理解和谅解，和谐和宽容，只有把仇恨这个承重的包袱放下，你才能轻松地面对未来。那么我们到底该怎么做呢？

1. 不要等着别人来给你道歉

坚持等待别人来道歉的人，那得花很长时间来消除自己心中的怒火，而自己也要付出很大的代价，因为一天得不到别人的道歉，你就得多仇恨一天；这种情况是等于把安宁交到了别人的手中，让别人来主宰你的情绪；因为一件不愉快的事，或是其他的什么事，你就容易激动和愤怒，最后受伤害的还是你自己。

2. 同情冒犯你的人

如果有人无意中伤害或冒犯了你，你不妨换位思考一下，如果你站在对方的角度看问题，你会怎么做呢？是宽恕对方还是同情对方，让事情大事化小、小事化了呢？

3. 想象一下你被别人原谅后的轻松感觉

想象一下，假如有一天你冒犯或得罪了一个你很在乎的人，而对方又很大度地原谅了你，你的心情会怎么样，你又会怎么想呢？如果这样，你也许会慢慢学着去原谅冒犯或伤害你的人，这样也就能慢慢第平息自己心中的仇恨了。

4. 遗忘仇恨

虽然说学会遗忘并不是一件简单的事情，但是如果你想生活得好，就必须这么去做。如果在某一个人的心里一旦种下了仇恨的种子，他将会千方百计地想着怎样去报复对方，就会选择报复的方法、时间，也将会一生不得安宁，其实，这是在拿自己的仇恨心理惩罚自己；如果你能放弃仇恨就会慢慢变得心平气和，对人对己都会有益的。

5. 妥善处理各种烦恼事

当然，要想排除心中的仇恨，最好的办法就是妥善处理各种让你烦恼的事情，放下自己不健康的心理，要理智地去处理让自己感到不开心和不舒服的事，这将有助于消除你心中的敌意和烦恼，这将会使你活的更轻松，更开心，更快乐！

成功者创造成功

有句格言说的好："失败者任其失败，成功者创造成功。"

格言强调，胜利者天生是倾向行动的人，他们将自己视为世界舞台的演员，而非被动地被他人行动牵制的受害者。即使失败了，胜利者也宁愿选择一种有声有色的方式失败。如果无法避免失败，就轰轰烈烈的大干一场。"跳蚤效应"来源于一个有趣的实验：生物学家曾经将跳蚤随意向地上一抛，它能从地面上跳起一米多高。但是如果在一米高的地方放个盖子，这时跳蚤会跳起来，撞到盖子，而且是一再地撞到盖子。过一段时间后，你拿掉盖子，你会发现，虽然跳蚤继续在跳，但已经不能跳到一米高以上了，直至结束生命都是如此。为什么呢？理由很简单，它们已经调节了自己跳的高度，而且适应了这种情况，不再改变。这就等于给自己的高度设了限，无论多么用力都跳不出这个高度，因为上面有个盖子。尽管这个盖子已经不在了，但是对于跳蚤来说，这些盖子已经深深地盖在了它们的心上，它们也就不会想着如何去改变、突破了。于是社会心理学家便将这种不知改变、突破的心理现象命名为"跳蚤效应"。

我们在嘲笑跳蚤"愚蠢"的时候，也应该自我反省一下，在我们的生活、工作当中，是不是也是一只可怜的、时常给自己"设限"的"跳蚤"呢？

所谓给自己设限是指给自己的人生设定一定的高度，认为自己只能获得这么大的成功，再大的成功自己无论如何是不能获得的。这就好比一个运动员，他告诉自己我只能跑这么快，再快我就跑不了了。很显然，这种做法是不可理喻的，无论在生活还是在工作当中，都是需要不断突破和尝试的，一旦给自己设限，那么你只能在有限的空间里追寻成功。

毫无疑问，“跳蚤效应”给我们的生活带来了一些负面的影响：

1. 不敢突破自己，不敢去追求更大的成功。

一旦我们给自己的设了限，我们就只能在这个限度范围之内活动，在这个限度范围内追求成功。这无疑是一种“画地为牢”的做法，不仅抹杀了自己的潜力，而且也失去了获取更大成功的机会。无论是失去潜力还是机会，都是自己的一大损失。

2. 害怕改变。

因为这些人不愿意改变、不愿意固有的模式被打破，久而久之，这些人就会变得害怕改变，每天都生活在一成不变的模式之中、坐同一趟车去上班、每天做同一件事情、吃同一样的菜、和同一群人交往……自然而然，这些人的生活受到了很大程度上的限制，不仅不会有所起色，而且还会被别人所厌弃。

3. 不懂得创新。

人一旦失去了改变的欲望，同时也失去了创新的激情。可是我们知道，这是一个创新、改变的社会，没有创新，何来优质生活？

美国著名影星史泰龙是在拳脚交加的家庭暴力中长大的，因为他的父亲是一个赌徒，母亲是一个酒鬼。小时候，父亲赌输了，又打老婆又打他，母亲喝醉了也拿他出气发泄。以至于他常常是皮开肉绽，鼻青脸肿。由于他相貌一般，学习成绩也很普通，所以高中便辍学在街头当混混。

刚开始的时候，他并没有觉得有什么不妥，因为自己的家庭背景、生活环境就是如此，他甚至相信自己生来就是应该当混混的，所以每次别人说他是“混混”的时候，他都心安理得地接受了，甚至还以此为荣。

就这样“心安理得”了几年之后，一件偶然的小事刺激了他，使他醒悟反思：“不行，不能再这样。谁说我生来就应该是当混混的？我一定要成功，超越自己，超越父母。”

于是史泰龙下定决心活出个人样来，要走一条与父母迥然不同的路。但是做什么呢？从政，可能性几乎为零；由于他没有学历和文凭，进大公司发展是不可能的；经商，又没有本钱……他长时间思索着。

在想不出其他出路的情况下，他想到了当演员。因为当演员不需要查验过去的经历，也不需要本钱和文凭，一旦成功，却可以名利双收。但是他显然不具备演员的条件，长相就很难使人有信心，又没有接受过任何专业训练，没有经验，也无“天赋”的迹象。

然而，“一定要成功”的驱动力促使他认为，突破自我是他今生今世唯一出头的机会，一定要成功！史泰龙对自己充满了自信。

于是他只身来到好莱坞，找明星、找导演、找制片……找一切可能使他成为演员的人。他处处推销自己：“给我一次机会吧，我要当演员，我一定能成功！”

他一次又一次被拒绝了，但他并不气馁。他明白失败乃成功之母。每被拒绝一次，他就认真反思、检讨、学习一次。

难道真的没有希望了吗，难道赌徒、酒鬼的儿子就只能做赌徒、酒鬼吗？史泰龙暗自垂泪，痛哭失声。不行，我一定要成功！

眨眼间两年时光已过，钱花光了，他只好在好莱坞干一些体力活维持生计。后来他想出了一个“迂回前进”的方法：先写剧本，等剧本被导演看中后，再要求当演员。

当时的他，已经不是刚来时的门外汉了。两年多耳濡目染，每一次拒绝都是一次进步的机会，一次口传心授的学习。因此，他已具备了写电影剧本的基础知识。

又过了一年，剧本写出来了，史泰龙遍访导演，“这个剧本怎么样，让我当男主角吧！”导演们普遍的反映是，剧本还可以，但让他当男主角，简直是天大的玩笑。他再一次被拒绝了。

他不断对自己说：“我一定要成功，也许下一次就行，再下一次，再下一次……”

在他一共遭到1200多次拒绝后的一天，一个曾拒绝过他20多次的导演被他的精神感动了：“我不确定你是否能演好，但你永远不放弃的精神令人感动。我可以给你一次机会，但不是电影而是电视连续剧，同时，先只拍一集，让你当男主角，看效果如何。如果效果不好，你就不要再来了。”

这一刻终于到来了，虽说有点晚，但史泰龙终于可以一试身手了。机会来之不易，他丝毫不敢大意，而是全身心投入进去。没想到第一集电视剧创下了当时全美最高收视纪录——他成功了！

史泰龙为什么刚开始的时候心安理得地当一个混混？为什么最后他能成为好莱坞当红的明星呢？理由非常简单：因为刚开始的时候，他总认为自己只能当一个混混，做不了别的事情。可是一旦他受到刺激顿悟了之后，他就开始着手改变自己、努力提高自己的成功率，以至于最终他突破了自己，获得了自己想要的生活。

现实生活中，能和史泰龙一样善于突破自己给自己设的限，改变自己的人并不多。也正因为如此，能够突破自己走向成功的人也不多。那么我们到底该如何才能打破这种心理枷锁，勇敢去尝试，突破自己呢？

1. 写下你的自我认定

什么是自我认定？即全面剖析自己，搞清楚自己有哪些优缺点，有哪些方面需要改变和不需要改变。当然，最后在剖析自我的同时，也能将自己的特点和你心目中的想要的形象进行对比。甚至你还可以和你心目中的榜样进行对比，从而给自己一个明确、直观地认识，好让自己有尝试、突破的方向。

2. 下定决心

如果你确实想拓展自己的自我认定和人生，那么从此刻开始，你就得下定决心想成为什么样子。你的心态要重回到孩童时代，对未来满怀憧憬地写下上述角色所必须具备的各样特质。下定决心之后就不能再改变，否则也就没有任何意义了。

3. 列出行动方案

有了目标和决心之外，接下来就应该列出你的行动方案，好使你能够跟这个新的人生角色确实相符合。在谋划这个方案时，你得特别留意要结交什么样的朋友，要让他们能强化而不是弱化你的自我认定。当然，在一段时间之内，如果你能看到自己确实在改变了，你的内心将会萌生无比的自豪和激情。

4. 强化自我认定

所谓强化自我认定就是把新的自我认定尽可能让周围的人知道，而最重要的是得让你自己明白。每一天你都得以这个新标签来好好提醒自己，时间一长它就会把你调整成这个标签的样子。当然，这就是突破和尝试最终的结果。

学会放下

任何选择都有缺陷，没有什么决定是两全齐美的。如果你总是希望样样占全，那么你永远也做不出什么决定。当你最终按照自己的心意，而不是遵循原有的生活习惯，自己选择了方向与路途时，就不要抱怨，更不要后悔。一个人只有能够勇敢地承担起自己的责任，才能在人生道路上留下无悔的足迹。

金鱼缸是玻璃做的，透明度很高，不论从哪个角度观察，里面的情况都一清二楚。这种“透明性”的心理在生活当中应用的比较广，比如在管理上、在面对生活上……心理学家便将这种现象称之为金鱼缸法则。

在我们的生活当中，细细反省之后我们就会发现，我们很多时候之所以生活得不开心，就是缺少了一个“金鱼缸法则”，即很多事情我们都没有看透，或者是不愿意去看透。甚至还在做一些自我欺骗的事情。生活过得不如意，就“骗”自己说自己没有努力，而其实自己已经累得筋疲力尽了；孩子总是让人操心，就“骗”自己说孩子还没有长大，而实际上孩子已经成年走向社会……面对生活的这些不如意，暂时的欺骗确实可以帮助自己减轻一些心理上的压力，但是长此以往，我们将不堪忍受，甚至在“顿悟”的那天，可能会精神崩溃。其实这种欺骗模式会给自己的生活带来很多不利的影响：

1. 给自己带来无谓的精神压力。

因为不能看透，所以我们斤斤计较，这势必会让我们的精神承受压力。

2. 压抑自己的情绪。

我们不仅不能看透，而且还要强迫自己去接受，对于自己的情绪来说无疑是一种压抑．时间一旦长久，很有可能会出现心理疾病。

学会看透一些事情，比如说看透生活、看透社会、甚至是看透所谓的金钱。让自己生活得更加透明一点、更加明白一些。这里的看透仅仅是看透而已，而不是看破。简单点说，就是生活得要现实一点，不要自己欺骗自己，把自己蒙蔽在自我营造的假象当中。

通用公司要裁员，名单中有内勤部办公室的艾丽和密娜达，按规定一个月之后她们必须离岗，当时她俩的眼圈都红红的。但是接下来的日子，两个人的表现却完全不一样。

第二天上班，艾丽的情绪仍很激动，跟谁都没有什么好气，仿佛吃了枪药，她不敢找老总去发泄，就跟主任诉冤，找同事哭诉："凭什么把我裁掉？我干得好好的。这对我来说太不公平了！"她声泪俱下的样子，既让人同情，又让人不知该怎样劝慰她。而她也只顾到处诉苦了，以至于她的分内工作：订盒饭、传送文件、收发信件等，都不再过问了。

艾丽原本是个很讨人喜欢的人，但现在她整天气愤愤的，许多人都开始有些怕和她接触，都躲着她，到后来就有点厌烦她了。

密娜达就与她不同，在裁员名单公布后，虽然哭了一晚上，但第二天一上班，她就和以往一样地干开了。由于大伙不好意思再吩咐她做什么，所以她便主动向大家揽活。面对大家同情和惋惜的目光，她总是笑笑说："没事，我已经看开了，是福跑不了，是祸躲不过，反正这样了，不如干好最后一个月，以后想干恐怕都没机会了。”她仍然每天非常勤快地打字复印，随叫随到，坚守在自己的工作岗位上。

自然而然，这种“看开精神”也感染了身边的人，在密娜达的带动下，办公室的工作效率似乎更高了，积极性也调动得更加高了。

一个月后，艾丽如期下岗，而密娜达却被从裁员名单中删除，留了下来。主任当众传达了老总的话：“密娜达的岗位，谁也无可替代，像密娜达这样的员工，公司永远不会嫌多！”

密娜达之所以最后被公司留了下来，并不仅仅是因为她的勤奋尽责，而且还是因为她的“看开精神”，要知道生活中总是难免会遇到一些不如意的事情，面对这些事情，我们不仅仅只有接受，而且还可以学着看开一点。我们只有懂得看开，才能处理好自己的事情，才能快乐的、积极地生活。那么我们该如何做才能真正看得开呢？

1. 淡化“我的”意识

很多人在得到的时候欣喜若狂，在失去的时候悲痛欲绝。其实这根本没有必要，正所谓“生不带来，死不带去”，在这个世界上没有任何一样东西是真正属于你的。在物欲面前，我们要懂得淡化“我的”意识，失去也就失去了，不要为碰翻的牛奶而哭泣，因为这是的牛奶已经不是“我的”了，它已经归属大地了，那么你何必为已经成为别人的东西而伤心流泪呢？

2. 看到“失去”背后的“得到”

很多东西失去并不是没有意义的，在这些失去的背后，往往隐藏着更多的“得到”，那么我们是不是可以将眼光注重在“得到”上面，而不是在“失去”方面呢？这种类似于“自我安慰”的方式虽然有点“阿Q精神胜利法”，但是它对我们心理确实能起到很好的调节作用。

3. 不要自我欺骗

成功了就是成功了，失败了就是失败了。不要在成功的时候欺骗自己是侥幸成功，也不要在失败的时候欺骗自己是意外失败。这种自我欺骗往往会蒙蔽自己的双眼，让自己找不到事情的真相，从而让自己生活在自我营造的假象中。

4. 生活得更加现实一点

所谓生活得更加现实一点是指不要让一些虚幻的、追求不到的东西来干扰自己。比如生活中的一些感情、尊严、面子等，工作之上的名誉、利益、竞争等。生活的最终目的就是活得惬意潇洒，而不是任何虚幻的、纯心灵的慰藉。只有明白这一点，我们才能真正舍弃那些不必要的羁绊，真心诚意地为生活而努力。

学会释放和发泄

在生活步调紧凑繁忙的现今社会中，人人都应学习如何释放压力——释放精神的压力，如此才能活出健康豁达的人生！而我们的生活中，有一些压力却又是必需的，就像船，必须要有些东西去压船，才能航行。所谓有张有弛，那么，我们必须学会时常为自己释放压力，学会调整心态化解从而释放压力，如此张弛有度，才能行得久，行得好，行得远。所谓凡事有度。所以，生活和工作中，有一定的压力是好事，积极面对它，但要注意控制和释放压力，莫让它压垮我们，所以学会在适当的时候释放压力很重要。

法国心理学家齐加尼克曾作过一次颇有意义的实验：他将自愿受试者分为两组，让他们去完成20项工作。其间，齐加尼克对一组受试者进行干预，使他们无法继续工作而未能完成任务，而对另一组则让他们顺利完成全部工作。

实验得到不同的结果：虽然所有受试者接受任务时都显现一种紧张状态，但顺利完成任务者，紧张状态随之消失；而未能完成任务者，紧张状态持续存在，他们的思绪总是被那些未能完成的工作所困扰，心理上的紧张压力难以消失。这种因工作压力所致的心理上的紧张状态即被称为“齐加尼克效应”。

其实，在日常生活中，很多人都受过“齐加尼克效应”的影响：经济危机来了，我们每天都活在胆战心惊之中，担心是不是哪天自己会下岗；看到自己的朋友功成名就了，就会抱怨自己，为什么那个人不是我；看到别人住上了楼房，开上了名车，就会给自己施加压力：几年几年之内，我也要做到这样……

在无形当中，我们的所作所为就给自己增添了无限的压力，并且被这些压力牵着鼻子走。当然，一旦我们这样子去做了，就可能出现因为压力太大而做不好事情、情绪失控、急功近利等现象。这也就意味着会给我们的生活带来以下不良影响：

（1）无法走出失败的阴影。

（2）丧失改变现状的动力。

（3）无法接受自己的一切。

试想，一个活在压力的阴影之下、连连失败、连连后悔和自责的人，又如何能走出失败的阴影？又如何能改变自己的现状呢？更可怕的是这些人终将不能接受自己的一切。因此，我们不妨记住"齐加尼克效应"给我们的启示：就让曾经的挫折成为过去吧，不要再让他牵绊住自己走向成功的脚步。

曾经有一个禅师，在他最困难最无助的时候，他最爱的母亲去世了，这对于正陷在困境中的他来说无疑是一个沉重的打击，可是就在他母亲出葬的那天，这位禅师竟然是笑眯眯地送走了母亲的遗体，然后高高兴兴的走向自己破败的小屋，刚开始邻居都以为是他疯了，可后来却发现，他不仅没有疯，反而精神很好。

邻居疑惑不解，便问这位禅师："你失去了最后一个亲人，为什么你还这么高兴，难道你不知道这是对你母亲的一种不孝之举吗？"

禅师不以为然地说："我的母亲已经去世了，不论我再怎么样的痛苦，她老人家也不会活过来了，那既然这样的话，我还不如不痛苦，过去的已经过去了，何必把过去的事情牵扯到现在来呢？再者，我的母亲很爱我，要是她知道我因为她而这样痛苦的话，她一定是不会同意的，因此我只有快乐地生活着，才能表达我对我母亲的孝顺，因此我不会去选择痛苦的生活，而是选择以很好的心态来面对未来的生活，这样说不定我在将来就会有好的生活。”

果然不出这个禅师所言，这是因为他这样乐观的生活，原本的烦恼一扫而光，而他却一直快乐地生活着。

案例中禅师说的话很对：过去的事情也就让他过去了，你再怎么痛苦、悲伤，再怎么给自己压力都没有用。与其做这些无用功，还不如真正开心一点、快乐一点。压力和挫折每个人都会遇到的，聪明的人会忘掉这一切，重新上路；而愚蠢的人则背负所有的压力和挫折上路，一路上疲惫不堪不说，最终还一无所获。那么对于这些人来说，如何才能忘掉挫折和压力，轻装上路呢？

1. 读名人传记，懂得自我激励。

经常的阅读一些名人的传记，特别是你所喜欢的名人的传记，你会发现你能从那个名人的身上汲取到你所需要的力量，作为自己成功的动力，这是自我激励的一个好办法。

2. 挑战自我，做自己怕做的事情。

如果你是一个没有自信心的人，不妨挑战一下自己，去一个场合发表一次演讲，或者在朋友群当中做一次独特的自我介绍……总之，你越是怕什么，就越要去做什么，只有敢于挑战自我，才能忘记挫折，找回自信。

3. 重视自己一个小小的胜利。

每个小小的胜利对于其本身来说算不了什么，但是对于一个受到挫折的人来说，一个胜利就是一个激励自己的机会，也是一个自己说服自己重新振作的机会。因此，在获得胜利的时候，不管这个胜利有多大，都应该好好重视。

4. 再给自己一个机会。

人非圣贤，孰能无过，过而能改，善莫大焉。每个人都有犯错误的时候，只要能改过来，就还是好的，可是你得给自己一个改过的机会，这样对自己才是一个公平的举动。

5. 给失败找出适当的原因。

人们最害怕的事情就是毫无理由的失败，即便是失败了，也得找出一个什么理由，这不是掩盖自身的问题，而是给自己的心理找一个安慰，这样就不至于把自己的自信心也给输掉。

6. 改变成功的观念。

成功并不是说非得要打败对手，独占鳌头，真正的成功是指自己的自我价值得到社会的肯定，自己的人生价值得到周围人的肯定，这才是真正的成功。那些争名夺利的失败也就不成其为失败，干脆就忘记它吧！

包容不完美

真正的自我接纳，除了要接纳自我本来的样子，要接纳对自己的寄望，还要接纳完成对自己的寄望是个并不短暂的过程这一事实，更要接纳在完成对自己的寄望的过程中，那个可能时而前进时而退后时而又原地徘徊的自我。也就是说，当你在给那棵大树浇水施肥时，你需要接纳那大树不是“立刻”枝繁叶茂，而是一点一点地蜕变而来。

“酸葡萄”心理是指自己努力去做而得不到的东西就说是“酸”的，是不好的，这种方法可以缓解我们的一些压力。比如：别人有一样好东西，我没有，我很想要，但实际上我不可能得到。这时不妨利用“酸葡萄”心理，在心中努力找到那样东西不好的地方，说那样东西的“坏话”，克服自己不合理的需求。

“甜柠檬”心理就是认为自己的柠檬就是甜的，“甜柠檬”是指自己所有而摆脱不掉的东西就是好的，要学会接纳自己。每个人都有自己的优点，都有自己的优势，每个人也都有自己的特点，千万不要轻易说自己这不好，那不如人。

这两种都是人们在面对自己时经常会有的心理，于是社会心理学家便将它们合称为“酸葡萄”心理和“甜柠檬”心理。

在现实生活中，很多人因为自己身上的缺点或者没有别人一样的优势就看低自己、排斥自己、不接纳自己，甚至自欺欺人，盲目改变自己。很显然，这类人在生活当中肯定不愉快，在事业上也不会取得很大的成功，因为他们不了解自己、不接纳自己，又怎么能很好地发挥自己的优势去获得成功呢？这也就是说，如果你不接纳自己，将会给你带来以下两个方面的困惑：

（1）缺乏自我，紧背失落与懊恼的心理包袱。

（2）不能了解自己的优势，盲目改变自己。

很多人都以故事中小狐狸的“酸葡萄”心理来讽刺那些在困难面前无所作为、自欺欺人的人。其实，如果我们能够换个角度看问题，就会发现小狐狸实际是个很聪明的家伙：既然已经确认“吃不上葡萄”是个无法改变的事实，不妨就明智地放弃“葡萄”，甩掉无用的包袱，轻松快乐地重新上路，开始新的寻找！

那么对于我们来说，面对自己没有的优势、起点，为什么我们不学学小狐狸的说这些都是“酸葡萄”呢？面对自己拥有的一切，为什么不说这些都是“甜柠檬”呢？虽然这有点过分保护自我，但是如果你不保护好你自己，你如何才能摆脱失落的情绪，获得心理上的平衡与稳定呢？

曾经有个成功企业家在被别人问道“作为一名成功人士，您认为，在成功的诸多前提中，最重要的是什么？”的时候讲了这样一个故事：

多年前的一个傍晚，一位叫亨利的青年移民，站在河边发呆。这天是他30岁生日。可他不知道自己是否还有活下去的必要。因为亨利从小在福利院里长大，身材矮小，长相也不漂亮，讲话又带着浓厚的法国乡下口音，所以他一直很瞧不起自己，认为自己是一个既丑又笨的乡巴佬，连最普通的工作都不敢去应聘。没有工作，也没有家。

就在亨利徘徊于生死之间的时候，与他一起在福利院长大的好朋友约翰兴冲冲地跑过来对他说："亨利，告诉你一个好消息！"

"好消息从来就不属于我。"亨利一脸悲戚。

"不，我刚刚从收音机里听到一则消息，拿破仑曾经丢失了一个孙子。播音员描述的相貌特征，与你丝毫不差！"

"真的吗？我竟然是拿破仑的孙子？"亨利一下子精神大振。联想到爷爷曾经以矮小的身材指挥着千军万马，用带着泥土芳香的法语发出威严的命令，他顿感自己矮小的身材同样充满力量，讲话时的法国口音也带着几分高贵和威严。

第二天一大早，亨利便满怀自信地来到一家大公司应聘。

20年后，已成为这家大公司总裁的亨利，查证自己并非拿破仑的孙子，但这早已不重要了。"是的，大家也许已经猜到了，这位亨利就是我。"企业家的表情由微笑变为严肃，"接纳自己，欣赏自己，将所有的自卑全都抛到九霄云外。我认为，这就是成功最重要的前提！"

接纳自己、欣赏自己！企业家的话掷地有声，那么我们是不是应该反省一下自己，我们做到了吗？

接纳自己、欣赏自己！企业家的话掷地有声，那么我们是不是应该反省一下自己，我们做到了吗？这些年人们的攀比心理越来越重，为了取得心理上的平衡，道貌岸然者有之，打肿脸充胖子者有之，自吹自擂者也有之。究其原因，就是这些人不愿接受真实的自我。不能接受自我的人，可以表现为自惭形秽，也可以表现为表里不一、外强中干，外表很风光，内心很痛苦，总之一个不幸福、不快乐。那么对于这些人来说，到底如果做才能真正接纳自我呢？

1. 缩小缺点，停止抱怨。

不能接受和不喜欢自己就是对自己的所作所为、能力和做事的结果不满意。这种人总是看到和扩大自己的缺点和不足。自己的长相难看、学习能力差、工作效率低、没有较大成就、不会交朋友、容易失败、常做错事等，都是他们经常抱怨的。

2. 接受所有的失败。

人非圣贤，孰能无过，每个人都有犯错误的时候。胜败乃兵家常事，谁都有失败的时候。这些本身都是符合常理的。既然符合常理，我们就应该接受它。知道了这些，我们就没有理由因为自己有这样或那样的缺点、不足、错误和失败而不能正视自己，不愿接纳自己。

3. 停止自欺欺人。

有的人不愿承认自己贫穷，反而以挥霍浪费来满足自己的虚荣心，结果是越来越贫穷，终免不了给自己心理上造成更大的痛苦。有的人明明知道自己的能力有限，却做出一些力所不能及的决定，结果招致失败。有的人在困境面前，不是通过努力工作战胜困境，取得最后的胜利，而是盲目快乐，在不适宜的场所寻欢作乐，醉生梦死。这种自欺欺人的“快乐”是不真实的，终究会被更大的痛苦所取代。

4. 重新审视自我、认识自我。

要想接纳自我，首先要认识自我，既要认识到自己的优势、优点，看到自己的成绩，还要认识到自己的劣势、缺点，看到自己的失误和失败。比如到一个安静的地方，认真剖析一下自己，并拿出笔和纸，在一边记下你个性中的优点和长处、能力上的优势、曾经做出的成绩、比较得意的举措等值得称道的方面；在另一边列上你的缺点、短处、劣势、曾遭遇到的挫败等不好的方面。你可能会发现，其实你有很多优点、长处、优势和成绩，只是还没有发挥出来，或者平时都没有在意。至此你也许会恍然大悟：原来我有这么多优点，原来我是这么的优秀。

5. 扬长补短。

每个人都有各自独特的个性，都有各自的优点和缺点、长处和短处。发扬自己的优势、优点和成绩，改正自己的缺点，改变自己的困境，走出失败，走向成功。这样，你就会越来越完善，对自己越来越满意了。

6. 审视别人，进行比较。

你也可以选择几个你比较熟悉，并认为很有自尊的人，列出他们的优缺点、优劣势、成功和失败的地方。然后将自己和他们比较。你可能会发现，原来自己总体上并不比他们差。你可能会因此而发问：我有什么理由不喜欢自己呢？

第三章

每天学点心理学，挖掘自我潜能

著名作家柯林·威尔森曾用富有激情的笔调写道：“在我们的潜意识中，在靠近日常生活意识的表层的地方，有一种‘过剩能量储藏箱’，存放着准备使用的能量，就好像存放在银行里个人账户中的钱一样，在我们需要使用的时候，就可以派上用场。”

现代心理学所提供的客观数据让我们惊诧地发现，绝大部分正常人只运用了自身潜藏能力的10%。可以这么说，每个人都有一座“潜能金矿”等待被挖掘。

加强心理素质的修炼

各国长寿地区的人种、气候、食物、习俗各不相同，有的甚至与健康之道相反，如有的老人嗜烟酒，喜肥肉，但有一点却是相同的，即长寿者都乐观开朗、心地善良、为人随和。

2009年诺贝尔生理学奖得主伊丽莎白等总结出的长寿之道是：人要活百岁，合理膳食占25%，其他占25%，而心理的作用占到了50%！

有一名运动员叫詹森，平时训练有素，实力雄厚，但在体育赛场上却连连失利。人们借此把那种平时表现良好，但由于缺乏应有的心理素质而导致竞技场上失败的现象称为“詹森效应”。

为什么会出现“詹森效应”？因为心理素质不好。那么为什么心理素质不好呢？主要原因是得失心过重和自信心不足造成。有些人平时“战绩累累”，卓然出众，众星捧月，造成一种心理定式：只能成功不能失败，再加上竞争场合的特殊性，朋友、亲人、同事等方面的厚望，使得其患得患失的心理加剧，心理包袱过重，如此强烈的心理得失困扰自己，怎么能够发挥出应有的水平呢！另一方面是缺乏自信心，产生怯场心理，束缚了自己潜能的发挥。

在日常生活中，这种“詹森效应”其实也影响着我们。比如我们专心去做某件事情，但是结果却很糟糕，无心插柳却能柳成荫。很多人都在埋怨命运在捉弄自己，其实不是，这就是“詹森效应”影响的后果。总的来说，“詹森效应”会给我们带来如下影响：

1. 增加自己的心理包袱。

因为很多人在做某事的时候，太过于患得患失，最终导致失败，从而给自己增加更大的心理包袱，下次面对同样情况的时候，自然而然也会心理包袱太大而失败。

2. 打击自己的自信心，造成恶性循环。

因为患得患失，所以失败一次接着一次，自然而然，自己的信心就会受到打击，从而让自己变成一个缺乏自信的人。

其实，很多人之所以会受到“詹森效应”的影响就是没有做到一点：提高自己的心理素质。都说人最难打败的是自己，为什么？还是因为心理素质不好，难以把握自己。只有提高自己的心理素质，才能真正发挥自己的优势，才能真正激发自我的内在动力，活出一个全新的自我，这就是“詹森效应”给我们的启示。

艾文·班·库柏是美国最受尊敬的法官之一，但是大家都想不到他小时候却是个心理素质十分差的青少年。

库柏在密苏里州圣约瑟夫城一个贫民窟里长大。他的父亲是一个移民，以裁缝为生，收入微薄。为了家里取暖，库柏常常拿着一个煤桶，到附近的铁路去捡零散的煤渣。库柏为不得不这样做而感到困窘。他常常从家后面的街道偷偷地出去，再从那里偷偷地回家，以免被放学的同学们看见。也正以为如此，他的心理素质开始慢慢地变差，他害怕看见同学、害怕被别人耻笑。可是，那些同学却经常能够看到他，甚至有几个同学经常埋伏在库柏从铁路回家的路上袭击他，以此取乐。他们常把他的煤渣撒到街上，令他回家时一直流着眼泪。那时，库柏总是生活在或多或少的恐惧和自卑之中。

试想一下，任何人生活在这样的环境之中，心理素质都不会好到哪里去，更何况是一个还没有成年的小孩子呢？

有一天，爸爸拿给库柏一本书，是荷拉修·阿尔杰著的《罗伯特的奋斗》，他如饥似渴地读着。在这本书里，库柏读到了一个生活背景和他相似的少年奋斗的故事。那个少年遭遇了巨大的不幸，但是他以自己的心理素质、自信的心理战胜了这些不幸。库柏希望自己也具有这种强大的心理力量。

在接下来的日子里，库柏读了他所能借到的每一本荷拉修的书。当他读书的时候，他就把自己幻想成书中的主人公。整个冬天他都坐在寒冷的厨房里阅读勇敢和成功的故事，不知不觉地他的心理素质提高了，自卑心理消失得无影无踪，他真的拥有了强大的心理力量。

几个月以后，库柏又一次到铁路上去拣煤渣。前面不远处，他看见三个人影在一所房子的后面奔跑着。他马上意识到将会发生什么事情了，他记起了他所敬佩的书中主人公的勇敢精神，于是他没有像原来那样转身就跑，而是把装煤的铁桶握得更紧，一直向前大步走去，犹如他是荷拉修书中的一个英雄。

这是一场恶战。

三个男孩一起冲向库柏。他丢开铁桶，坚强地挥动双臂，进行抵抗，使得这三个恃强凌弱的青少年大吃一惊。他的右手猛击到一个青少年的嘴唇和鼻子上，左手猛击到这个青少年的胃部，这个青少年停了下来，转身跑了。

库柏又把另外一个青少年打倒，用膝部猛击他，而且发疯似的揍他的腹部和下巴。现在只剩下最后一个了，他是青少年头，已经跳到库柏的身上，库柏用力把他推到一边，站起身来。大约有一秒钟，两个人就这么面对面站着，狠狠瞪着对方，互不相让。后来，这个青少年头一步一步地退后，然后转身拔腿跑了。

库柏这时才发现自己的鼻子挂了彩，身上也青一块、紫一块的。

那是库柏一生中重要的一天，在那一天他强大的心理力量帮助他克服了恐惧，心中那不可战胜的勇气，使他在与邪恶势力的对抗中获胜。也正是因为他具备了如此强大的心理素质，才使他将来有胆量走上了维护正义之路，成为了一名受人们尊敬的法官。

库柏从一个心理素质相当差的孩子最终成长成为一个全美国都十分有名的、受人尊敬的法官，他的转变无疑是巨大的。特别是心理素质的提高，更是值得人们去学习和模仿。我们都知道，做任何事情，心理素质都是非常重要的，否则你只能像詹森一样，一到关键场合就掉链子，那么无论你面对多少个成功的机会，都会与之擦肩而过。那么如何走出“詹森效应”的怪圈、提高自己的心理素质呢?

1. 正视你的赛场

赛场并不是屠宰场，并没有什么可怕的。它是为了我们表现自我而存在的，而不是我们为了赛场而存在的。只有摆正这种心理位置，才能真正认清“赛场”的目的、克服恐惧感，赛场并不可怕，只是比平常正规一些而已。

2. 改变患得患失的心理

人活在这个世界上，总会有得到和失去，面对这些，我们必须要平心静气，走出狭隘的患得患失的阴影，不贪求成功，只求正常地发挥自己的水平。竞争是高层次水平的较量，同时也往往是心理素质的较量，放开一点反而会有一个好结果。

3. 保持一颗平常心

平常心可以使人心绪宁静、处变不惊，更易达到目的，而且平常心也可产生情感自慰，使人的生活更加和谐平衡。成功就如同小狗的尾巴，你越是不停地追逐，就越容易被它所牵制，在原地打转，可是一旦你有了一颗平常心，专注于做正确的事，反倒容易“无心插柳柳成荫”。

4. 学会专注做事

做事专注往往也可以抑制“詹森效应”。古人讲“致虚极，守静笃”。当一个人专注到极点的时候，心中是没有任何牵绊的，这时候人往往精神高度集中。心无旁骛。就会减少失误。

5. 克服自卑

心理学家曾经非常明确地说，人一旦陷入自卑的漩涡，面对竞争、陌生环境的时候就会出现明显的心理紧张、不知所措、智力下降等现象，这些其实就是“詹森效应”。要想克服自卑，最好的办法就是给予自己一定的训练，比如：行走时抬头、挺胸，步子迈得有弹性；抬起双眼，目视前方，眼神要正视别人；当众发言；众人面前显显眼等。

激励的力量

科学家对那些成就非凡的人做过很多研究，结果表明，他们在关键时刻都能进行积极的自我激励，都能自己给自己增强信心，因此他们战胜了无数的困难，获得成功。

“皮格马利翁效应”又称“罗森塔尔效应”或“期待效应”。皮格马利翁是古希腊神话中塞浦路斯国王。这个国王性情孤僻，常年一人独居。他善于雕刻，孤寂中用象牙雕刻了一座表现了他理想中的女性的美女像。久而久之，他竟对自己的作品产生了爱慕之情。他祈求爱神阿佛罗狄忒赋予雕像以生命。阿佛罗狄忒为他的真诚所感动，就使这座美女雕像活了起来。皮格马利翁遂称她为伽拉忒亚，并娶她为妻。

在这个神话的基础上，美国著名心理学家罗森塔尔和雅各布森进行了一项有趣的研究。他们先找到了一个学校，然后从校方手中得到了一份全体学生的名单。在经过抽样后，他们向学校提供了一些学生名单，并告诉校方，他们通过一项测试发现，这些学生有很高的天赋，只不过尚未在学习中表现出来。其实，这是从学生的名单中随意抽取出来的几个人。

有趣的是，在学年末的测试中，这些学生的学习成绩的确比其他学生高出很多。研究者认为，这就是由于教师期望的影响。由于教师认为这个学生是天才，因而寄予他更大的期望，在上课时给予他更多的关注，通过各种方式向他传达“你很优秀”的信息，学生感受到教师的关注，因而产生一种激励作用，学习时加倍努力，因而取得了好成绩。这种现象说明教师的期待不同，对儿童施加影响的方法也不同，儿童受到的影响也不同。借用希腊神话中出现的主人公的名字，罗森塔尔把它命名为“皮格马利翁效应”。

在很多人身上，这种效应都有所体现，比如很多人在做一件比较困难、但是又不得不做的事情时，他们可能会对自己说：这次一定要成功、我一定能行的、我是最棒的，结果他们真的成功了，并且真的成了这个领域最厉害的一个人。相反，那些经常暗示自己：我不行、我做不了，我一定会失败……的人，最终都失败了。

这也就是说“皮格马利翁效应”会给我们带来两方面的影响：

（1）正面影响：激励自己。

（2）负面影响：打消自己的自信心。

由此可见，皮格马利翁效应告诉我们一个启示：对自己传递积极的期望，就会使自己进步得更快，发展得更好。反之，向自己传递消极的期望则会使自己自暴自弃，放弃努力。

海曼斯小时候是一个非常胆小害羞的孩子，几乎没有朋友，也没有信心，总觉得自己什么事也做不了。突然有一天，他在看电视的时候了解到了“自我激励”的神奇效果，于是他决定要改变自己。

正好那个周末，他所在中学的语文老师——理维斯先生给全班的同学布置了一道作业，她要求学生们去读哈波·李的小说，然后在小说的结尾处用自己的话续写一段文字。海曼斯无论是在读哈波·李的小说的时候，还是读完开始写作业的时候，他都一直在激励自己：我是最棒的，我读的是最仔细、写得是最好的。在这种激励之下，海曼斯迅速完成了家庭作业。

第二个星期，海曼斯将作业交给了理维斯先生。现在他已记不起当初他写的内容和理维斯先生给他的分数了，但他仍清清楚楚记得，理维斯先生在他的作文本里的空白处写的那四个字一“写得很好！”正是这4个字，让他真真切切感受到“自我激励”的魅力所在，从而改变了他的一生。

“在我进行自我激励之前，我一直不知道我自己是谁，也不知道将来我能做什么，”海曼斯说，“直到读了理维斯先生的评语，我才知道自我激励起了作用，我终于找到了信心。于是从那天起，我就一直不断地告诫自己：我写得很好，我一定能成为最好的作家……不管是在我事业顺利的时候，还是我遭遇挫折的时候，我都一直这样激励自己。那天回到家后，我又写了一则小故事，这是我一直梦想着去做却不相信自己能做到的事情。”之后，在读书的业余时间，他又写了许多小故事，每一次他都把自己的作品带到学校，交给理维斯先生。而理维斯先生同样对这些稚嫩的作品则给予了鼓舞人心的、严肃而又真诚的评价。

“我所做的一切恰恰是当时的我所需要的。”海曼斯说。不久，他被学校的报纸任命为编辑，这更加使他信心倍增，同时视野也开阔了。由此，他开始了自己成功而又充实的一生。现在他已经是一个职业作家，在过去的几十年的作家生涯中，他取得了可喜的成绩。海曼斯坚信，如果没有当初的自我激励，那么他现在所拥有的一切都不会发生。

海曼斯之所以能够成为一个著名的职业作家，除了他自身的努力之外，最重要的是他善于自我激励，给自己以正面的引导和帮助。正如他自己所说的那样，如果没有当初的自我激励，那么现在所拥有的一切都不会发生。由此可见，自我激励作用之大。既然自我激励对于成功来说是非常重要的，可是很多人却不懂得如何进行自我激励，其实很简单，不外乎以下几种方法：

1. 调高目标

真正能激励你奋发向上的是：确立一个既宏伟又具体的远大目标。许多人都发现，他们之所以达不到自己孜孜以求的目标，是因为他们的主要目标太小，而且太模糊，使自己失去主动力。如果你的主要目标不能激发你的想象力，目标的实现就会遥遥无期。

2. 离开舒适区

一旦你生活在“舒适区”，你就会缺乏上进之心，不会寻求挑战。而要想激励自己，就必须改变这种状况，离开你为自己营造的“舒适区”。这时体内就会发生奇妙的变化，从而获得新的动力和力量。

3. 慎重择友

对于那些不支持你目标的、打击你积极性的“朋友”要敬而远之。你所交往的人会改变你的生活，这一点你要明白。只有结交那些希望你快乐和成功的人，你在人生的路上才能获得更多的益处。这些朋友不仅能激励你成功，甚至还能在你需要帮助的时候伸出援助之手。

4. 正视危机

危机能激发我们竭尽全力。无视这种现象，我们往往会愚蠢地创造一种舒适的生活方式，使自己生活得风平浪静。当然，我们不必坐等危机或悲剧的到来，从内心挑战自我是我们生命力的源泉。

5. 从做好小事开始。

如果把自己当作一幅正在创作中的杰作，你就会乐于从细微处作改变。一件小事做得与众不同，也会令你兴奋不已。总之，无论你有多么小的变化，点点都于你很重要。

6、敢于尝试、敢于犯错

有时候我们不做一件事，是因为我们没有把握做好。其实所谓的把握仅仅是一种自我的感觉，而到底能不能做好，只有尝试了、经历过之后才知道。要想激励自己，就要勇于去尝试、敢于去犯错，只有这样，你才真正明白自己到底有多大的能力。

7. 迎接恐惧

世上最秘而不宣的体验是，战胜恐惧后迎来的是某种安全有益的东西。哪怕克服的是小小的恐惧，也会增强你对创造自己生活能力的信心。如果一味想避开恐惧，它们会像疯狗一样对你穷追不舍。此时，最可怕的莫过于双眼一闭假装它们不存在。

8. 把握好情绪

人在开心的时候，即便是面对困难，我们也能泰然处之。而一旦我们的情绪处于崩溃的边缘，那么再简单的事情也可能做不好。由此可见，要想激励自己，情绪也是相当重要的。

成功路上积极心理暗示的重要性

心理学家马尔兹说："我们的神经系统是很'蠢'的，你用肉眼看到一件喜悦的事，它会做出喜悦的反应；看到忧愁的事，它会做出忧愁的反应。"当你习惯地想象快乐的事，你的神经系统便会习惯地令你处在一个快乐的心态。所以，我们只能输入积极的语言，比如，"在我生活的每一方面，都一天天变得更美好"、"我的心情愉快""我一定能成功"等，语句简洁有力，不要含糊、脱离实际及与人攀比。

"翁格玛丽效应"又叫"暗示效应"，源自一个故事：有个名叫"翁格玛丽"的女孩，本来长得不是很美。但是，她的家人和朋友，都给她信心，从旁鼓励，每个人都对她说："你真美。"由此，女孩有了信心，每天照镜子的时候，都觉得自己很漂亮，也在心里对自己说："其实，你很漂亮。"渐渐地，女孩真的越来越漂亮。由此，"翁格玛丽效应"成了心理学上一个重要的名词。

即所谓"翁格玛丽效应"是指用含蓄的、间接的方式对别人的心理和行为施加影响，从而使被暗示者不自觉地按照暗示者的意愿行动。即在无对抗的条件下，用含蓄、抽象诱导的间接方法对人们的心理和行为产生影响，从而诱导人们按照一定的方式去行动或接受一定的意见，使其思想、行为与暗示者期望的目标相符合。社会心理学家便将这种现象称之为"翁格玛丽暗示效应"。

为什么“翁格玛丽暗示效应”能有这么如此神奇的效果呢？原理其实很简单：你想成为什么样的人或者你想得到什么东西，那么你的一言一行都会朝着这个目标去努力、争取，那么久而久之，你也就真的达到了自己的目的，成为自己想要成为的那个人，获得了自己想要获得的一切。举个很简单的例子：有人认定经理的位置一定是自己的，他就会按照经理的标准来要求自己，告诫自己要努力工作。果然，不久之后，他就被提名为经理候选人并成功当选。这个结果即是他努力的结果，更是他给予自己积极暗示的结果，因为如果没有积极的暗示，就不会有努力的工作。

由此可见，利用好“翁格玛丽效应”会给我们的生活造成以下改变：

（1）给自己积极的引导，改变消极的心态。

（2）改变自己的情绪，提高自信心。

由此可见，利用好“翁格玛丽效应”可以达到认识自我，挖掘潜力，增强信心的目的，从而不断地追求进步，以更快地适应工作需要，创造成功的机会。

美国的罗杰·罗尔斯是纽约州历史上第一个黑人州长，在他的身上，就完全的体现了这种所谓的“翁格玛丽效应”的重要性。

他出生在纽约当时一个环境肮脏，充满暴力况且是偷渡者和流浪汉聚集地的大沙头贫民窟，那里声名狼藉，据说在那里出生的孩子由于耳濡目染的影响，并没有几个在长大后从事什么体面的职业的，因为他们从小就学会了逃学，打架，甚至是偷窃或者是吸毒。然而，同样是在这里出生的罗杰·罗尔斯却成了后来纽约的州长，这还得从他们当时学校的董事兼校长皮尔·保罗先生的一句话说起。

当年，这个可怜的校长发现，这些孩子甚至比当时最为流行的“迷茫的一代”还要来得更加无所事事，他们上课不与老师合作，也不经常上课，每天除了打架就是和老师作对，甚至在某一段时间还砸烂教室的黑板。皮尔·保罗先生尝试了好多办法来改变这种现状，却始终是无济于事，不过校长在一段时间的接触后发现这些孩子都有一个共同的特点，就是非常迷信，只要是有关于迷信这一方面的，他们都深信不疑，于是皮尔·保罗抓住这个特点，在他上课的时候给学生们看手相，并用这个办法来鼓励学生。

终于轮到罗杰·罗尔斯了，当他把肮脏的小手递给校长的时候，校长很兴奋地拉着罗杰·罗尔斯的手说：我一看你修长的小拇指我就知道，将来你是纽约州的州长。

罗杰·罗尔斯确实被惊呆了，从出生一直到现在，还没有谁给过他这么高的评价，唯一的一次就是他奶奶说他能当个船长，不过比起纽约州的州长来说，简直是小巫见大巫。

于是，在以后的生活里，小罗尔斯的心情顿时开朗了许多，他开始以"纽约州未来的州长"自居，对生活也充满了希望，他的衣服也不再是沾满泥土，说话也不再夹带污言秽语了，甚至在走路的时候也有意无意地挺直了腰杆，始终都以一个纽约州未来的州长身份来要求自己。

终于功夫不负有心人，在51岁的那一年，罗杰·罗尔斯成功地成为了纽约州的第一人黑人州长，他的目标实现了！

罗杰·罗尔斯之所以最终能成为纽约州的州长，成功的秘诀就在于他始终相信自己就是未来纽约州的州长，并且始终是一个纽约州未来州长的身份来要求自己。这种积极的暗示最终引导罗杰·罗尔斯走向了成功。说到底，这就是"翁格玛丽暗示效应"所起的作用。

那么在现实生活中，如何才能给自己以积极的心理暗示呢？可以从以下几个方面进行：

1. 给自己积极的语言暗示

积极的语言能使人产生积极的情绪，改变消极的心态。比如经常对自己说：我是最好的、我是最厉害的、这点事情难不倒不我、很简单……在这种语言的暗示之下，很快就能找回自己的自信心，并且在这种效应的影响下，将工作做到最好。

2. 给自己积极的动作暗示

很多人在做一件比较困难的事情，或者在挑战自己的时候，都会握紧拳头狠狠地甩两下，这样做就是为了给自己加油、增强自己的自信心；在成功的时候，也会伸出大拇指对自己表示庆贺……这其实就是一种积极的动作暗示，通过这种暗示，我们的心理就会产生积极的反映，下一次再遇到困难的时候就不会有畏难情绪了。

3. 给自己积极乐观的表情暗示

何为表情暗示？即在你遇到困难的时候，要使用积极、乐观的面部表情，比如说微笑、镇静、大方，而不是慌乱、愁眉苦脸。很多人觉得这样有点做作，其实不然，一旦你这么去做了，就会带动心理的反映，促使自己勇敢去面对。

4. 给自己积极健康的心理暗示

所谓心理暗示就是不断地在心里告诉自己：我一定能够成功、我就是未来的×××、我以后一定能做成什么事情……因为这些心理暗示能促使一个人向着自己想要成为的那个方面去努力，比如你告诉自己，你以后一定能超越比尔·盖茨，那么在行动之中，你就会朝着这个方向去努力。

自信，开启成功的第一把金钥匙

成功学的创始人拿破仑·希尔说：“自信，是人类运用和驾驭宇宙无穷大智的唯一管道，是所有‘奇迹’的根基，是所有科学法则无法分析的玄妙神迹的发源地。”奥里森·马登也说：“如果我们分析一下那些卓越人物的人格物质，就会看到他们有一个共同的特点：他们在开始做事前，总是充分相信自己的能力，排除一切艰难险阻，直到胜利！”自信的确在很大程度上促进了一个人的成功，从不少人的创业史上我们都可见一斑。自信可以从困境中把人解救出来，可以使人在黑暗中看到成功的光芒，可以赋予人奋斗的动力。

我们经常在生活中看到这样的情景：款式、皮质差不多的一双皮鞋，在普通的鞋店卖80元，进入大商场的柜台，就要卖到几百元，却总有人愿意买。1.66万元的眼镜架、6.88万元的纪念表、168万元的顶级钢琴，这些近乎“天价”的商品流通，往往也能在市场上走俏。为什么会这样呢？难道商品的价钱和属性并不相等？其实，消费者购买这类商品的目的并不仅仅是为了获得直接的物质满足和享受，更大程度上是为了获得心理上的满足。这就出现了一种奇特的经济现象，即一些商品价格定得越高，就越能受到消费者的青睐。由于这一现象最早由美国经济学家凡勃伦注意到，因此被命名为“凡勃伦效应”。

关于这个效应，中国古代同样有一个故事：有一天，一位禅师为了启发他的门徒，给他的徒弟一块石头，叫他去蔬菜市场，并且试着卖掉它，这块石头很大，很美丽。但是师父说："不要卖掉它，只是试着卖掉它。注意观察，多问一些人，然后只要告诉我在蔬菜市场它能卖多少。"

这个人去了。在菜市场，许多人看着石头想：它可作很好的小摆件，我们的孩子可以玩，或者我们可以把它当作称菜用的秤砣。于是他们出了价，但只不过几个小硬币。那个人回来。他说："它最多只能卖几个硬币。"

师父说："现在你去黄金市场，问问那儿的人。但是不要卖掉它，光问问价。"从黄金市场回来，这个门徒很高兴，说："这些人太棒了。他们乐意出到1000块钱。"

师父说："现在你去珠宝市场那儿，低于50万不要卖掉。"

他去了珠宝商那儿。他简直不敢相信，他们竟然乐意出5万块钱，他不愿意卖，他们继续抬高价格——他们出到10万。但是这个门徒说："这个价钱我不打算卖掉它。"

他们说："我们出20万、30万！"

这个门徒故意说："这样的价钱我还是不能卖，我只是问问价。"

虽然他觉得不可思议："这些人疯了！"他自己觉得蔬菜市场的价已经足够了，但是没有表现出来。最后，他以50万的价格把这块石头卖掉了。

他回来，师父说："不过现在你明白了，这个要看你，看你是不是有试金石、理解力。如果你不要更高的价钱，你就永远不会得到更高的价钱。"

在这个故事里，师父要告诉徒弟是关于实现人生价值的道理，但是从门徒出售石头的过程中，却反映出一个经济规律：凡勃伦效应。

其实这个经济规律也可以用在日常生活的为人处事上：如果你看低了自己，别人同样会看低你。如果你想让别人看重你，那么你首先得看重自己。遗憾的是，生活中的很多人总是自怨自艾，看不起自己，认为自己什么本事都没有、什么事情都做不成、自己简直就是一个“废物”。久而久之，这些人在别人心目中就真的成了一个“废物”。有事情不找他帮忙，有做事的机会不会留给他，甚至渐渐地人们会淡忘掉这个人以及他的能力。就这样，这些人几乎失去了所有成功的机会，在落寞、自怨自艾中度过一生。

由此可见，“凡勃伦效应”会给我们的生活带来很大的影响：

（1）迷失自我，得不到别人的认可。

（2）失掉自信，找不到自己的优势。

福勒是美国路易斯安那州一个黑人佃农七个孩子中的一个。他在5岁时开始劳动。他在9岁之前，就以赶骡子为生。这并不是什么特殊的事，大多数佃农的孩子都是很早就参加劳动的。这些家庭认为他们的贫穷是命运安排的，因此，他们并不要求改善生后。

可是小福勒却和这些人有一点不同：他从小就从母亲的教育中明白了一个道理：一个人、甚至几辈人都生活在贫穷之中，那么不是这些人能力有问题，而是他们自暴自弃了，不愿意去改变了。

最后，这位伟大的母亲还告诉福勒：“我们不应该贫穷。我不愿意听到你说：我们的贫穷是上帝的意愿。我们的贫穷不是由于上帝的缘故，而是因为你的父亲从来就没有产生过致富的愿望。我们家庭中的任何人都没有产生过出人头地的想法。你生来就不是穷人，你不能靠着赶骡子过完你的一生。”

“你不是穷人，你不能靠着赶骡子过完你的一生。”母亲的这句话深深地震撼了小福勒。

从这以后，他开始想走上致富之路，他总是把他所需要的东西放在心中，而把不需要的东西抛到九霄云外。这样，他的致富的愿望就像火花一样迸发出来。最后，他决定把经商作为生财的一条捷径，并且选定的经营项目就是肥皂。

作出这个决定之后，他就挨家挨户出售肥皂。每当遭受挫折，想要放弃的时候，小福勒的脑子中都会闪过母亲的那句话：“你生来不是穷人，你不能靠着赶骡子过完一生！”一想到这句话，小福勒就会以胜利者、富人的心态去面对自己的工作。

12年之后，机会来了。他获悉供应他肥皂的那个公司即将拍卖出售。这个公司的售价是15万美元。他在经营肥皂的12年中一点一滴地积蓄了2.5万美元。双方达成了协议：他先交2.5万美元的保证金，然后在10天的限期内付清剩下的12.5万美元。协议规定如果他不能在10天内筹齐这笔款子，他就要丧失他所交付的保证金。

福勒在他当肥皂商的12年中，获得了许多商人的尊敬和赞赏。现在他去找他们帮忙了。他从私交的朋友那里借了一些款子，也从信贷公司和投资集团那里获得了援助。在第10天的前夜，他筹集了11.5万美元，也就是说，还差1万美元。

福勒回忆说：“当时我已用尽了我所知道的一切贷款来源。那时已是沉沉深夜，我在幽暗的房间里，跪下来祷告；我祈求上帝领我去见一个会及时借给我1万美元的人。我自言自语地说：我要驱车走遍第61号大街，直到我在一栋商业大楼里看到第一道灯光。”

夜里11点钟，福勒驱车沿芝加哥61号大街驶去。驶过几个街区后，他看见一所承包商事务所亮着灯光。

他走了进去。在那里，在一张写字台旁坐着一个因深夜工作而疲乏不堪的人，福勒有点认识他。福勒意识到自己必须勇敢些。

“你想赚1000美元吗？”福勒直截了当地问道。

这句话使得这位承包商吓得向后仰去。“是呀，当然啰！”他答道。

“那么，给我开一张1万美元的支票，当我奉还这笔借款时，我将另付1000美元利息。”福勒对那个人说。他把其他借款给他的人的名单给这位承包商看，并且详细地解释了这次商业冒险的情况。

那天夜里，福勒在离开这个事务所时、衣袋里已装了一张1万美元的支票。以后，他不仅在那个肥皂公司，而且在其他七个公司，包括四个化妆公司、一个袜类贸易公司、一个标签公司和一个报馆，都获得了控制权。

福勒后来自己总结自己的成功，他这样说道：“成功其实并不很难，关键就是你要相信你生来就是一个成功的人，不要自降身价。就如我，如果我当时深信我这辈子只能靠赶骡子过一生的话，那么很显然，我就不会是这个样子了。因为我儿时的一些伙伴确实还在靠着赶骡子过着自己的生活。”

福勒之所以最终能够成功，很大程度上归功于他没有像他的那些兄弟姐妹一样，一开始就看低自己，认定自己是穷人家的孩子，一辈子只能过着贫穷的日子。这其实也是生活中的我们常犯的一个错误：主动看低自己。我们都知道，要想成功．必须首先自己得看得起自己，否则谁还看得起你呢？所以，在关键的时刻，一定要提高自己的身价，而不是自降身价。那么如何做到这一点呢？

1. 关键时刻露一手。

“智者千虑，必有一失，愚者千虑，必有一得”，当你发现决议有问题，若按此办将来可能出大娄子，就应该鼓足勇气提出来。要知道，你可能穷尽毕生努力，也不会得到别人的赏识，而抓住这一机会，就可能把你的能力和价值展现给别人，特别是意见未采纳，人们更会在后来的失败中忆起你的表现，赞叹你的英明。这样自然而然，你的身价就会得到提高了。

2. 善于在关公面前耍大刀。

我们常常会不期而遇一些在身份、才识、经验、能力等各方面比我们高出一筹的人，在这种情况下，往往会有些人因此而自卑，因为自己不如人而对对方产生一种心理上的畏惧感，从而自信心便大打了折扣。其实，要想获得自己的身价，就必须在"关公面前耍大刀"，否则，谁知道你有多少能力呢？

3. 改变自己的形象。

诚然，这个社会"狗眼看人低"的人并不少，凭衣貌取人。所以要想提高身价，还是得花点心思来打扮一下自己，无论是为了社交需要，还是为了朋友见面的第一次印象，只要形象好了，身价才能上去。

4. 提高自己的品位。

在社会上也并非只有穿金戴银才能获得好评，再说大多数人都是囊中羞涩，打肿了脸也充不了胖子，加上也有人不买暴发户式的张扬的账，所以根据自身特点，有自己的一套模式，也未必被人看轻了。有道是"真人不露相"，"大隐隐于市"。

5. 关注最新话题、书籍。

如果你买到一本当下最新畅销书，毫无疑问，你的友人看见了，都会赞叹你走在了时代的前列。这就说明一个问题：假若你对最新畅销书、最新流行帮、最新式服装等表示浓厚兴趣，别人就会朝你竖起大拇指。

6. 做个热心肠。

人难免会遭遇失败，失败时，如果能向胜利者伸出友好之手，表示热情而诚挚的祝贺，别人就会被失败者宽阔的胸怀所感动。如果你对周围的老弱病残者表示关心，对弱者进行帮助，对不幸者表示同情，别人就会觉得你是个善良的人。因为自己的失误给别人造成损失时，你应该向别人道歉。

7. 气度宜人，举止得体。

如果想给别人气度不凡、从容若定的印象，那么，就请你做到：节奏匀称，举止缓慢，动作庄重，稳若泰山。向对方叙述重要事宜，或回答对方提问时，如果目不斜视地盯着对方的眼睛，不仅会增强语言的说服力，而且给人留下精力充沛过人、做事光明磊落的印象。如果一个人风度可人，举手投足间富有魅力，令人倾倒和愉悦，便会比穿金戴银来得长远，产生一美遮百丑的交际效果。有的人完全是门面货，好像一座因修建资金不够只修完门面的房子，入口处像宫殿一般辉煌，里间的屋子却像草棚一样简陋。

学会发掘自己的潜力

有科学统计得出：一个正常人的脑细胞约140亿到150亿个，而人一生大约有98.5%的脑细胞外于休眠状态，也就是说只有1%左右的参与了人的思维活动，就连伟大的科学家爱因斯坦，他也只用了不到13%的脑细胞。

20世纪80年代，美国新行为主义学者通过对众多“退休村”的调查后发现，不少人到了垂暮之年，才开始发现自己身上还具备尚未被开发的潜能。摩西奶奶就是其中比较典型的一例。艺术家摩西奶奶，至暮年才发现自己有惊人的艺术天才，75岁开始学画，80岁举行首次个人画展。于是社会心理学家便将这种现象称为“摩西奶奶效应”。

在现实生活中，很多人都在给自己做着“鉴定”：这是我能做得最好的作品了、这是我的极限了、我再也不能突破了、我没有能力了、潜能被我挖掘完了……那么事实是这样吗？心理学的研究成果告诉我们，普通人在生前仅开发了自身基因中潜在能力的百分之零点几，而即便是爱因斯坦，也只不过是开发了30%，那么何来潜能被挖掘完了、再也不能突破自我了呢？如果在这种不良心态的影响下，将会给我们的生活带来非常不好的影响：

（1）安于现状，不懂得改变。

（2）不求上进，知难而退。

我们都知道，一个人要想成功，突破自己和不断上进两个方面是必不可少的，可是非常遗憾的是，很多人缺少的就是这个两个方面。

有一位钢琴教师，经他手教出来的学生，个个都是顶尖高手，很多人都很奇怪，同样是教钢琴，为什么这个老师总是那么厉害呢？难道他有什么秘诀不成？

为了一探究竟，一位音乐系的学生走进了这个老师的练习室。

刚开始，这个老师也是平常的教育，教给学生一些基本功。3各月过去的那一天，钢琴上摆放着一份全新的乐谱。“超高难度。”学生翻动着，喃喃自语，感觉自己对弹奏钢琴的信心似乎跌到了谷底，消磨殆尽。已经3个月了，自从跟了这位新的指导教授之后，他不知道，为什么教授要以这种方式整人？

“试试看吧！”老师说。乐谱难度颇高，学生弹得生涩僵滞错误百出。“还不熟，回去好好练习！”老师在下课时，如此叮嘱学生。

学生练了一个星期，第2周上课时，没想到教授又给了他一份难度更高的乐谱，“试试看吧！”上星期的功课教授提也没提。学生再次挣扎于更高难度的技巧挑战。第3周，更难的乐谱又出现了，同样的情形持续着。学生每次在课堂上都被一份新的乐谱挑战，然后把它带回去练习，接着再回到课堂上，重新面临难上两倍的乐谱，却怎么样都追不上进度，一点也没有因为上周的练习而有驾轻就熟的感觉，学生感到愈来愈不安、沮丧及气馁。

教授走进练习室，这个学生再也忍不住了，他必须向钢琴大师提出这3个月来何以不断折磨自己的质疑。

教授没开口，他抽出了最早的第一份乐谱，交给学生。“弹奏吧！”他以坚定的眼神望着学生。不可思议的事发生了，连学生自己都惊讶万分，他居然可以将这首曲子弹奏得如此美妙、如此精湛！教授又让学生试了第二堂课的乐谱，学生仍然有高水平的表现。演奏结束，学生怔怔地看着老师，说不出话来。“如果我任由你表现最擅长的部分，可能你还在练习最早的那份乐谱，不可能有现在这样的表现。”教授缓缓地说。

现在，这位学生终于明白了，这个老师之所以钢琴教得好，完全归功于他善于挖掘别人的潜力。

最后，这位学生在自己的日记中这样写道：人，往往习惯于表现自己所熟悉、所擅长的领域。但如果我们愿意回首，细细检视，将会恍然大悟，看似紧锣密鼓的工作挑战、永无遏止难度渐升的环境压力，不也就在不知不觉间养成了今日的诸般能力吗？因为，人确实有无限的潜力！有了这层体悟与认知，会让我们更欣然乐意地面对未来更多的难题！人的能力是无限的。但人的智慧和想象力具有很大的潜力，充分挖掘它，发挥丰富创造力，会做出使自己都感到吃惊的成绩来。

正如案例中这个学生所遇到的一样，人如果不经常挑战自己，又怎么能知道自己有多少实力和潜力呢？同样，如果不挖掘出自己的潜力，又怎么样才能走向成功呢？那么对于那些不善于挖掘自己的潜能的人来说，该如何才能发挥自己的潜力？

1. 改变自己的心态。

乐天达观的人往往能取得成功，因为他们的心态促使他们积极进取，而不是甘于认输、自暴自弃，甚至是一遇到挫折就打退堂鼓。在这些人的心目中，挫折不过如此，他们的乐观、他们的自信最终成就了他们的成功。

2. 不要隐藏自己的志向。

很多人之所以没有发掘出自己的潜力，很大一部分原因是他们为了生活、为了其他的一些事情而主动隐藏了自己的志向。比如一个人的志向是当一名画家，但是在父母、老师、社会现实的干预下，他不得不隐藏其自己的志向，而转向自己并不熟悉的领域。那么如果这些人在做其他工作的同时能追求自己的志向，那么说不定就能寄发自己的潜能，从而改变自己的生活。

3. 减少自己的心理负担。

很多人之所以没有发觉自己的潜能，是因为生活的压力过大，根本无暇他顾，以至于自己身上到底有多少能力、有什么样的潜力都没有发现。特别是在现代社会，竞争如此激烈，我们为了社会力量之间的博弈已经耗费了绝大部分的精力，哪里还有时间去挖掘自己的潜能呢？当然，要想做到这一点，最好的办法就是减少自己的心理负担。

4. 不断尝试和突破。

所谓尝试和突破其实就是挖掘自身潜力的一种方式。为什么很多人在很多年的时间里没有一点点的改变、没有一点点的进步呢？细细观察之下我们会发现，无论是在生活上还是在工作上，这些人都没有经历过一些尝试和突破，自然而然这些人也不会想着如何去挖掘自己的潜力。

5. 不断改变现状。

人一旦安于现状就不会想着如何去改变，而人一旦不想去改变，就不会去寻求自身的力量，从而白白地埋没了自己的潜能。

我们大部分人其实都在小觑自己的能力，有小小的成就马上就以为自己已经到达巅峰状态，于是不肯再冒险，坚决不再向上爬，结果白白浪费了自己的潜能，错过无数向前推进的机会。

放大你的优势你就成功了

这世界上的路有千万条，但最难找的就是适合自己走的那条路。每一个人都应根据自己的特长拉设计自己量力而行，根据环境与条件，应努力寻找有利条件；不能坐等机会，要自己创造机会；拿出成果来，获得了社会的承认，事情就会好办一些。每个人都应该尽力找到自己的最佳位置，找准属于自己的人生跑道。当你的事业受挫，不必灰心也不必丧气相信坚强的信念定能点亮成功的灯盏。

奥托·瓦拉赫是诺贝尔化学奖获得者，他的成功过程极富传奇色彩。瓦拉赫在开始读中学时，父母为他选择了一条文学之路，不料一学期下来，教师为他写下了这样的评语："瓦拉赫很用功。但过分拘泥，难以造就文学之材。"此后，父母又让他改学油画，可瓦拉赫既不善于构图，又不会润色，成绩全班倒数第一。面对如此"笨拙"的学生，绝大部分老师认为他成才无望，只有化学老师认为他做事一丝不苟，具备做好化学实验的素质，建议他学化学。这下瓦拉赫智慧的火花一下子被点燃了，终于获得了成功。

瓦拉赫的成功说明了这样一个道理：任何一个人，都有自己擅长的一面，只要找到这一面，智慧之火就会被点燃，成功也就如约而至。后人称这种现象为"瓦拉赫效应"。

在我们的日常生活中、在我们的身边，总是有一些人，一旦遇到一些挫折或者困难，就会想当然地认为自己一无是处、认为自己所做的一切都是无用功，从而自暴自弃，不去追求。或许这些人受到别人消极的引导、错误的影响，或许这些人天生就有自卑心理，总之在这些人心目中，自己就是比别人低一等，自己什么事情都做不了。

很显然，这些人总是与成功的机会擦肩而过，甚至机会摆在面前，他们也会因为深信自己一无是处而不敢去拥抱。由此可见，了解“瓦拉赫效应”将会给我们的生活带来两大方面的影响：

（1）让你正视自己，找到自己的优势面。

（2）肯定自己的能力，不在乎别人的看法。

人最怕的并不是没有发现自己的能力，而是最怕失去了发掘自己能力的信心，即对自己绝望了。特别是在经历一定的挫折之后，很多人对自己心灰意冷，认定自己一生无为，和成功无缘。在这种心态的误导下，这些人得过且过，浑浑噩噩地过日子，自然而然成功不会光顾他们。

一位老人在湖边垂钓，旁边坐着一个愁眉不展的男青年。

老人问：“为何总是这样垂头丧气？”

“唉，我是个穷光蛋，什么都不会做，一无所有，哪里开心得起来？”青年人非常郁闷地答道。

“那这样吧，我出20万买走你的自理能力。”老人想了想说道。

“没有自理能力我就什么也做不了了，不卖！”青年头摇得像拨浪鼓。

“再出20万买你的生存能力，你可愿意？”老人继续出价。

“没有生存能力我还怎么活下去？”男青年想都没想一口拒绝。

“我再出30万买走你的现在的工作能力？”老人望着青年人的面容说道。

“没有了现在的工作能力，我还不是死路一条？不卖！”青年人答道。

“这样吧，最后再出30万买你的未来的创新能力，如何？”老人笑嘻嘻地询问道。

“我可不想成为一个只会守旧、不懂创新的人！”青年人愤愤地欲转身离去。

老人忙挽留缓缓说道“慢着，你看，我分别用20万买你的自理能力，20万买你的生存能力，30万买你的现在的工作能力，30万买你的未来的创新能力，这些一共是100万，你都没有同意卖，年轻人，你拥有着100百万，你还能说你是穷光蛋吗？更何况，你有这么多的能力，怎么能说自己什么都不会做呢？”

男青年瞬间恍然大悟，他明白了，自己并不是一无所有，只是没有看到自己的优势，成天就知道埋怨命运，以至于懈于奋斗，错失了很多成功的好时机。

正如案例中的男青年一样，我们本身就具备很多能力，但是因为我们被一些挫折或者失败蒙蔽了双眼，没能发现这些能力，并且因此而对自己失去了信心，每天都怨天尤人，埋怨上帝对自己不公平。

显而易见，我们的做法是荒唐的，每个人都有每个人的优势，关键是我们如何去发现、去利用这些优势。那么我们该怎么做呢？

1. 通过兴趣来发现。

在人的身上，似乎有一个不成文的定律：你的优势存在于你的兴趣之中。即你对某事、某种方向有兴趣，那么在这个方面你就具备了优势。比如当你看到别人做某件事情时，你心里有一种痒痒的感觉，“我也想做这件事情”。那么说不定你的优势就藏在做这件事情的能力之上。很多人对编辑感兴趣，那么他的优势就可能是语言的组织能力。

2. 通过对比来发现。

当然，这种对比是对于别人而言的，因为只有和别人进行对比，你才能发现自己的优势所在。比如，当别人完成某件事情时，你心里会有一种不一样的感觉：“我还可以把这件事情做得更好”。那么说不定你的优势就存在于“做得更好”之中。

3. 通过做事方式来发现。

你在做某件事情时，几乎是自发地、毛遂自荐地就能将其拿下。并且你在做某件事情时，不是一步步完成，而是向行云流水般地一气呵成。如果是这样，那么你的优势十之八九就在这个方面。

4. 通过剖析自己来发现。

要想了解自己的优势，就必须对自己有一个全面的认识，而要想全面认识自己，就得学会剖析自己。当然，在剖析自己的时候要懂得有条理、有目的性的进行。比如将自己的优缺点一点点地列在本子上，然后一点点的对照比较。

5. 通过朋友的帮忙来发现

俗话说得好，当局者迷、旁观者清。因此，我们要想发现自己的优势，可以通过多接触朋友、同事，让他们帮助你，找到自己的优势。

6. 通过表现自己来发现

很多人之所以没有发现自己的优势，是因为这些人不善于表现自己。因为优势只有在尝试、表现、做一些事情的时候才会发挥出来。所以，要想发现自己的优势，不妨尽量去展现自己，要无拘无束、无所顾忌。

谦虚的魅力

相信自己而不盲目自信，谦虚地接受别人意见而不盲目听从，要充分地了解和认识自己，知道自己的能力和善长的方面，在能够自信并且擅长的方面充分地相信自己，而在不太了解的领域或是不太懂得的时候适当地听取他人的意见，结合自己的想法做出正确的判断。

达维多定律是以英特尔公司副总裁达维多的名字命名的。达维多认为，一家企业要在市场中总是占据主导地位，那么它就要永远做到第一个开发出新一代产品，第一个淘汰自己的产品。

达维多定律揭示了以下取得成功的真谛：不断创造新产品，及时淘汰老产品，使新产品尽快进入市场，并以自己成功的产品形成新的市场和产品标准，进而形成大规模生产，取得高额利润。这个定律的实质都是在告诉企业决策者：在激烈的市场竞争中，只有那些时刻心存危机意识，不断自我超越，不断自我完善的团队才能立于不败。

其实“达维多定律”对我们认识自己、改变自己也有相当大的启发作用。在我们身边有很多人，刚开始的时候有一些优势，但是他们不懂得时时刻刻去提高自己、充实自己，以至于到最后不仅优势不再，而且还落后于别人。遗憾的是，这些人并没有意识到这一点，还以为自己还是原来那么优秀，还是怎么有优势。很显然，这些人的在接下来的生活中要遭遇失败。从中我们也可以得出这样一个结论：只有不断提高自己、淘汰自己，才能保持自己的优势。否则，就会出现以下三个方面的坏影响：

（1）容易自我满足，不求上进

（2）因循守旧，不懂得创新

（3）坐井观天，视野不能开阔

也正因为这些负面的影响，很多人从始至终都没能让自己获得提升，无论是生活档次还是工作层次。对于这些人来说，生活就是一杯无味的白开水，但是他们却不知道，这白开水是自己逼迫自己喝下去的。

美国著名指挥家沃尔特·达姆罗施二十多岁就当上了乐队指挥，但他仍保持着谦和、勤勉的作风，没有忘乎所以。

在面对这些荣誉的时候，为什么沃尔特·达姆罗施还能如此“镇定”“坦然”呢？面对大家的疑问，他自己透露了谜底——“我只有不断地淘汰自己才能保持荣誉，这是一个巨大的压力，也是一个巨大的动力。刚当上指挥的时候，我也有些飘飘然，以为自己才华举世无双，地位无人可撼。可是经过一件小事，我才发现，原来我的地位是如此之岌岌可危，后生是如此之可畏啊！那天排练，我忘了带指挥棒，正要派我的秘书回家去取，可是我的秘书却对我说：不必了吧，向乐队其他人借一根不就行了？我想：秘书真是糊涂，除了我，别人带指挥棒干吗？但是我还是随便问了一声：‘谁有指挥棒？’话音还没落，大提琴手、小提琴手和钢琴手，各掏出了一根指挥棒。也就是说在场的每一个乐手，手上几乎都有一根指挥棒。这意味着什么？这些人说不定哪天就取代我的位置。假如我不上进的话。就是因为这件小事，我突然间醒悟：原来自己并不是什么不可或缺的人物，很多人一直在暗中努力，随时要取代我。

以后，每当我偷懒、膨胀的时候，那十几根指挥棒就会在面前晃动。”

经历了这件事情之后，沃尔特·达姆罗施开始变得谦虚谨慎，在工作的时候，也开始对自己要求更严、更苛刻了，只要有一个动作没有到位，他都会要求自己重新来过。也正是这种孜孜不倦地追求精神，才造就了沃尔特·达姆罗施的指挥名声。

诚然，我们现在所遇到的情况和案例中沃尔特·达姆罗施遇到的情况一样：如果你不去提高自己，那么自会有更加优秀的人来超越你、取代你。达维多定律告诉我们身处竞争激烈的社会，如果你不淘汰自己，别人就会立刻淘汰你。那么失业、失败、抛弃也就随之而来，原本平静的生活就不再平静，不要总是以为自己还是那么优秀，殊不知，在你沾沾自喜的时候，别人已经超越你了。在日常工作生活当中，我们该如何才能淘汰自己、保持自己的优势呢？不妨试试以下几个办法：

1. 不断学习新的东西。

有个哲学家说得很好：容易走的路都是下坡路。只要你不懂得上进、你不懂得随时充电，那么你就可能被抛弃。因此，在日常生活中，只有不断地学习新东西，每天不断地接受新鲜的信息，每天做一点自己不喜欢的事情，每天把自己淘汰一遍，让自己的人生线朝的天空的方向延伸。或许有一天，成就我们的就是这些点点滴滴的进步。

2. 不要为自己的失败找借口。

每个人失败都会有一定的原因，但是这并不是让我们为自己的失败找借口。找到失败的原因能让我们进步，下次不再犯同样的错。但是如果我们为自己找到了借口，那么我们就会在心理上原谅自己，得不到进步。

3. 摆正自己的位置，坚定“我能行”的信念。

淘汰自己并不是一件容易的事情，必须要有坚定的信念作为自己的支撑，即要相当的自信才能做到这一点。所以，在进行自我淘汰的时候，一定要摆正自己的位置、明白自己想要达到的目的，坚定“我能行”的信念。

4. 做好坚持不懈的准备。

淘汰自己并不是一天两天的事情，这是一个长期的任务，所以，在开始自我淘汰之前，一定要让自己明白，这是一次长途跋涉、一次长征式的洗礼，必须做好充分的心理准备。当然，只要你坚持了一段时间之后，你就会发现你的生活已经开始了改变，只要你尝到了甜头，那么坚持下来也就不难了。要知道，没有什么可以难倒一个向着自己的梦想坚持不懈努力的人的。

5. 缩短自己和目标之间的距离。

改变自己、淘汰自己的最终各目的就是达到自己的目标。目标遥遥不可及，我们该怎么办？想办法接近自己的目标，缩短自己和目标之间的距离，这是我们改变自己的目的，也是改变自己的动力，没有目标的牵引，改变自己也就失去了意义，同样也就失去了动力。

6. 用未来和梦想来激励自己。

在现代激励模式当中，其中有一种就是愿景激励，即通过自己的努力，自己将会达到一个什么样的愿景？比如当一个老板、有房有车、光宗耀祖……在淘汰自我的过程中产生了消极情绪的时候，不妨用未来和梦想来激励自己，重新扬起改变的风帆。

人生应该拥有一颗热忱之心

一个充满热忱的人能收获更大的成果。众所周知，一个人在某个方面投入得越多，那么他在这方面收获成果的可能性就越大。而对于一个热忱的人来说，他无论从事什么样的工作都能够有满腔热情，无论做什么事都能全身心地投入其中。美国前总统卡特年轻时曾在海军服役。有一次他与海曼·里科弗将军谈话后发现自己在时事、文学、海军战术等方面存在许多不足。此后，他以极大的热忱投入到学习和工作中，竭尽全力将自身蕴藏的潜力和创造力发挥出来，不但成为了一名优秀的海军军官，而且最终成为美国最高领导人。

美国自然科学家、作家杜里奥曾经说过："没有什么比失去热忱更使人觉得垂垂老矣。热忱是人的生活态度，积极投入，时时充满热情，才是人的最佳状态。人与人之间只有很小的差异，但这种很小的差异却往往造成了巨大的差异！很小的差异就是所具备的心态是积极的还是消极的，巨大的差异就是成功与失败。成功人士的首要标志，就在于他们有热情积极的心态。一个人如果心态积极，乐观地面对人生，乐观地接受挑战和应付麻烦事，那他就成功了一半。"

杜里奥的话赢得了很多人的赞同，于是社会心理学家便将这种心理现象称之为"杜里奥定理"。

那么我们回过头来看看我们身边的人，很多人是不是都对生活、工作失去了热情了呢？那么这些人的生活或者工作都处在一种什么状态呢？很显然，都是“垂垂老矣”的状态。那么这些人的心态又是什么样的呢？有两个方面：

（1）对生活失去激情，厌倦生活

（2）被生活所奴役，不能做生活的主人

我们都说心态是真正的主人，你的心态决定了谁是坐骑，谁是骑师。那么如何做才能具备这样的心态呢？很简单：对生活保持热情，只有人情才能让你改变一切。

塞尔玛的丈夫奉命到沙漠里参加演习，塞尔玛为了陪伴丈夫就跟着丈夫来到沙漠的陆军基地里，白天丈夫参加演习，把她一个人留在营地的小铁皮房子里，谁都知道，沙漠的白天温度很高，天气热得受不了，即便是在仙人掌的阴影下也有华氏125度，最让她难受的是她没有任何人可以聊天，因为身边只有墨西哥人和印第安人，而他们根本就不会说英语，而塞尔玛也不会墨西哥语和印第安语，每天她唯一能做的事情就是盼望丈夫早点回来，可是时间似乎总是过得很慢。她非常难过，于是就写信给父母，说她想要丢开一切回家去。

父亲的回信很短，只有简单的两行，可是就是这两行信却永远留在她心中，甚至完全改变了她的生活，两行信是这么写的：“两个人从牢中的铁窗望出去，一个看到泥土，一个却看到了星星。”

父亲的回信短促而有力，似乎像一条鞭子一样狠狠地在她身上抽了一下，塞尔玛终于明白了父亲的良苦用心，惭愧之至的她决定要在沙漠中找到星星。

于是塞尔玛开始努力的和当地人交朋友，而当地人也很热情和塞尔玛交流，他们的反应使她非常惊奇，慢慢地她开始对当地人的纺织、陶器表示感兴趣，而当地人也很大方地把自己最喜欢但又舍不得卖给观光客人的纺织品和陶器都送给了她。塞尔玛研究那些引人入迷的仙人掌和各种沙漠植物、物态，又学习有关土拨鼠的知识。有时间的时候，塞尔玛还陪着当地人一起去观看沙漠日落，寻找几万年前，这沙漠还是海洋时留下来的海螺壳，她的生活开始发生了巨大的变化，原来难以忍受的环境变成了令人兴奋、流连忘返的奇景，塞尔玛再也不会丢开一切回家去了，她甚至开始喜欢上了这个地方。

从案例中塞尔玛身上的改变我们可以发现：热情的力量是巨大的。它不仅能改变一个人的心态，让我们喜欢上原本不喜欢的人和事，而且也能够帮助我们在较少的时间内完成更多的事，帮我们作出更好的决策与选择。在热情的推动下，个人的潜力会得到极大地发掘。可是在日常生活中，我们该如何让自己变得热忱一点呢?

1. 让自己的欲望变得更加强烈。

人一旦有了欲望，就会满怀热忱地去追求欲望。很多人之所以成功，就是因为他们善于用强烈欲望作为达到目标的后盾，使欲望变得狂热，让它成为自己脑子中最重要的一件事。那么你的生活、工作从此以后就会变了一个模样。

2. 将坏情绪拒绝在三尺之外。

坏情绪、坏心态是热忱最大的杀手，人一旦没有好的心情，不能摆正自己的心态，那么你将不会有足够的热忱去面对你的生活、面对你的工作和你的朋友。对此，我们唯一能做的就是将坏情绪阻挡在三尺之外，不让它们靠近自己，务必使自己保持乐观。

3. 将热忱培养成一种习惯。

坚持一个好的举动将会收获一个好的习惯，坚持一个好的习惯将会收获一个成功。热忱就是一个能让你收获成功的举动，只不过你得需要足够的耐心将这个举动培养成一个好的习惯。

4. 善于推销自己，并告诉自己：我是一个热忱之人。

能将自己推销出去就是一个成功的前兆，因为只有对生活保持热情、充满希望的人才会积极地向别人推销自己。无论成功对于我们来说有多么遥远，我们都应该抱着必胜的信心来激励自己、推销自己、告诉自己：我是一个热忱之人。要知道，自我暗示是培养热忱的有力力量。

5. 随时保持积极心态。

在充满恐惧、嫉妒、贪婪、怀疑、报复、仇恨、无耐性和拖延的世界里不可能出现热忱；它需要积极的思想和行动。而要想获得积极的思想和行动，就必须随之保持积极心态。当然，积极心态的获得有很多方法，比如凡事都往好的方面看、给自己一个短期的目标、庆祝自己的小成功等等。

6. 给自己一个刺激。

如果认为你的热忱应该发生作用，而它却跟不上你在发挥其他原则方面的进度时，你可以利用一些简单的练习来刺激你的热忱。比如说想象失败之后的惨状、亲自到那些落魄者之家去看看、过一天滴水未进的生活等，通过这些感性的刺激，你会发现，这种生活其实离你并不远，如果你不争取成功的话。

7. 尽量热忱地行动。

如果你以热忱的态度参加会议、自信地和他人握手、以明确的言辞回答问题、坚定地主张你的观念和建议所具有的价值……那么时间一长，你就会发现，你的生活在开始变化，愁眉不展的眉头没有了，取而代之的美妙的口哨之音。这种积极的结果，又会再燃烧热忱的火花，这是一个积极的良性循环。

活到老，学到老

古今中外大凡有作为的人，无一不是时代的弄潮儿，无一不是以时代的使命为己任的人，无一不是站在时代斗争前列，勇于探索，敢于实践，作出出色成绩的人。时代的潮流如大浪淘沙，筛选着各种各样的人，太平天国领袖洪秀全有诗云："迷途即返速加鞭，振起雄心赶向前。尽把凡情丢却去，才能直上九重天。"古人尚有这种高尚的思想追求，今人更应当胸怀大志，振作精神，快马加鞭，誓做时代洪流的"弄潮儿"。

自然界中昆虫纲和甲壳纲的节肢动物，以及线形动物的体表具有坚硬的表层，可以保护动物身体不受外界伤害，但同时它也限制了个体的生长和发育。因此，在这些动物的生长和发育过程中，必须经历一次或数次蜕皮过程，通常每蜕皮一次，幼虫就会长大一些。直到最后它们从幼虫变为成虫。

其实自然界的"蜕皮现象"在我们日常生活中也经常碰到，比如随着我们年龄的增长，对于社会中的一些问题的思考更加成熟、想法更加新颖独特，这就是一种"蜕皮现象"。同样的道理，一旦我们走向社会，我们对于事情的看法、想法都会提升一个档次，这同样是一种"蜕皮现象"。任何人的一生，都要经过无数次的"蜕皮"之后才能真正走向成熟，否则我们只能处在当初的"幼稚阶段"。

蜕皮效应除了在"想法"发挥作用之外，还在我们的心理上产生作用。

时下很流行一句话，叫“逃离舒适区”。的确，每个人在内心深处，都会有一个所谓的“舒适区”。在“舒适区”内，人们会觉得一切都有保障，有安全感，就如同昆虫们披着能够保护自我的“皮”。但是与此同时，这些“皮”也会让你在不知不觉中，画地为牢，止步不前。也就是说，一旦失去了“蜕皮效应”的影响，我们的生活将会出现如下前进的障碍：

（1）思维单纯幼稚，容易被别人牵着鼻子走。

（2）没有成熟的想法，经常在同一个地方摔倒两次。

李嘉诚，在长达数年之久的打工仔生涯中，先后做过多种工作，从服务行业跳到技术行业，又从技术行业跳到推销行业，每换一次工作，都是想法更新后的结果，也是对自己的一次挑战，最能体现这一点的是他在塑胶裤带公司的经历。

李嘉诚来到塑胶裤带公司做一名推销员时，塑胶裤带公司有7名推销员，其中数李嘉诚最年轻，资历最浅。李嘉诚唯一拥有的就是内心的想法。显而易见，这是一种不在同一条起跑线上的竞争，是一种劣势条件下的不平等的竞争。

李嘉诚心高气傲，他不想输于他人，他觉得自己所拥有的正是别人所缺少的，只要不断更新自己的想法，一切都好说了。

最终，李嘉诚给自己定下目标：3个月，干得和别的推销员一样出色，半年后，超过他们。李嘉诚自己给自己施加压力，逼着自己去奋发拼搏。坚尼地城在港岛的西北角，而客户，多在港岛中区和隔海的九龙半岛。李嘉诚每天都要背一个装有样品的大包出发，乘巴士或坐渡轮，然后马不停蹄地走街串巷。别人做8个小时，他就做16个小时。因为李嘉诚明白：要做好推销员，一要勤勉，二要动脑。正是这两点，使他后来居上，销售额不仅在所有推销员中遥遥领先，而且是第二名的7倍！

李嘉诚做事，很注意对自己想法、思维的更新。为此，他不是完成自己的本职工作就算了，而是在本职工作干出非凡的业绩的同时，还利用推销行业的特点，捕捉大量的信息。他注重在推销过程中搜集市场信息，并从报刊资料和四面八方的朋友那儿了解塑胶制品在国际市场的产销状况，从而形成自己对市场的见解。经过调研之后，李嘉诚把香港划分成许多区域，把每个区域的消费水平和市场行情，都详细记在本子上。他对哪种产品该到哪个区域销售，销量应该是多少，一清二楚。

李嘉诚经过详细分析，得出了自己的结论，然后建议老板该上什么产品，该压缩什么产品的批量。他协助老板以销促产，使塑胶公司生机盎然，生意一派红火。

李嘉诚因此于一年后被升为部门经理，统管产品销售。这一年，李嘉诚年仅18岁。2年后，他又晋升为总经理，全盘负责日常事务。李嘉诚逐渐成为塑胶公司的台柱，成为高收入的打工仔，是同龄人中的佼佼者。他20岁刚出头，就升到了打工族的最高位置，确实令人艳羡。

说起自己的经历，李嘉诚很有感慨地说："不论做什么事情，想法是最重要的，你想对了，不一定作对，但是如果你想错了，那么你一定做不对。只有不断更新自己的想法，才能不断走向成熟、走向成功。"

李嘉诚的成功告诉了我们一个道理：想法需要更新。只有不断更新你的思维，你才会对你要做的事情有一个深刻的认识，有一个属于自己的判断。否则，很可能就会出现人云亦云、跟在别人屁股后面成功的现象。那么我们该如何预防，实现自我的超越呢？不妨试试以下的办法：

1. 在和别人的比较中认识自我。

人最怕的就是比较，因为一旦进行比较，就很容易发现自己的不足之处，从而找到需要该进的方向。所以通过与周围的人的比较，与模范的比较，认识自我在这些参照系中所处的位置或水平，然后逐条去把握、改变。

2. 找出自己不满足的地方，并设法去超越。

超越自我，突破自我首先表现出对现实自我的不满足而力求改变。也就是说要想改变自己，首先就应该知道你对自己哪里感到不满足，找出哪里需要改变。只有这样，你才有可能去弥补、超越。

3. 正视有损人格魅力的弱点。

要超越自我，我们一定要正视自己身上有损人格魅力的弱点。比如说为人虚伪、自私自利。不尊重人、报复心强、嫉妒心强等，这些个性弱点使自己的人际吸引力大大减弱，所以我们应该努力地克服这些个性弱点，减少个性弱点对事业的消极影响。

4. 坚持不懈地进行良好的文化修养和个性品质锻炼。

要想超越自我，还得坚持不懈地进行良好的文化修养和个性品质锻炼，增强对自己的了解，修身养性，抑短扬长。同时要善于认识和理解别人的心理需要，巧妙地应用自己的个性品质去适应社会活动的需要，努力使自己成为受人欢迎的人。

5. 绕过种种误区。

我们在了解自我、认识自我的的基础上，应注意绕过种种误区，比如说不要以我为核心、不轻视别人等。心理学家指出，一个人只有通过正确的方法才能真正改变自己，否则一切都将是徒劳。

相信自己，相信成功

哈佛经济学教授劳伦斯·萨莫斯曾说过："有信心的人，可以化渺小为伟大，化平庸为神奇。"由此可见，自信对于一个人的成功起着何等重要的作用。一个拥有自信的人之所以会心想事成、走向成功，是因为他们都有着巨大无比的潜能等着去开发；消极失败的心态之所以会使人怯弱无能、走向失败，是因为它使人放弃潜能的开发，让潜能在那里沉睡、白白浪费。

在所有的成功素质当中，自信心是最不可缺乏的，没有自信，便没有成功。无论什么时候，我们都应该充满自信。只要你自信，有毅力，才能尝到成功的喜悦。纵观那些已经获得了巨大成功的人，首先是因为他拥有自信。鉴于这一点，很多人都将自信当成成功的法宝。为此，美国职业橄榄球联会前主席D·杜根提出：强者不一定是胜利者，但胜利迟早都属于有信心的人。这就是著名的"杜根定律"。

无论是在生活中还是在事业上，一个缺乏自信的人终将会被社会所淘汰。在这些人的心目中，成功需要是遥不可及的，在他和成功之间，有一条无法跨越的鸿沟。而这条鸿沟是这些人自己设置的，是一条内心的鸿沟，是一条缺乏自信心的心理鸿沟。自然而然，对于这些人来说，成功也就变得遥不可及了。毕竟这些人的消极心态最终会影响到这些人的行动，这种影响主要体现在两个方面：

（1）害怕失败，不敢主动去争取机会。

（2）遇到挫折就想要放弃，打退堂鼓。

蜚声世界影坛的意大利著名电影明星索菲亚·罗兰能够成为令世人瞩目的超级影星，是和她的自信心分不开的。

在《卡桑德拉大桥》、《昨天、今天和明天》等影片中，索菲亚·罗兰以其独特的魅力给观众留下深刻鲜明的印象。她的长鼻子、大眼睛、大嘴、丰满的胸部和臀部都使她多了一份不可抗拒的美。可是，在索菲亚·罗兰初试镜头的时候，差点儿因为她的长鼻子和丰腴的臀部而没能走上影坛。摄影师们都嫌她的鼻子太长、臀部太发达，建议她动手术缩短鼻子、削减臀部，可是索菲亚·罗兰坚决不同意。

小时候的索菲亚·罗兰发育很晚，长得干干巴巴的，胸部一点儿也没有隆起的意思，看着周围的女孩子们为自己的身材而得意的神态，她自卑极了。可是又有什么办法呢？罗兰是个私生女，母亲带着她艰难地度日，再加上当时正赶上第二次世界大战，能吃饱就不错了，哪里还顾得上营养呢？

带着自卑的情绪，罗兰长到了十五岁。这时候，她已经用不着再为自己的干瘪而忧心忡忡了，因为她已经长成大姑娘了，而且胸部丰满，臀部发达。

为了生存，加上对电影的热爱，罗兰来到了罗马，想在这里涉足电影界。没想到，对未来满怀希望和憧憬的她，却连连碰壁。

第一次试镜头，罗兰就失败了，所有的摄影师都说她够不上美人标准，都抱怨她的鼻子和臀部。没办法，导演卡洛·庞蒂只好把她叫到办公室，建议她把臀部削减一点儿，把鼻子缩短一点儿。一般情况下，许多演员都对导演言听计从，因为导演有权让他们走上银幕，也有权让他们离开电影圈。可是，索菲亚·罗兰没有听导演的，她知道自己的外貌和那些相貌出众五官端正的女明星相比，有许多缺陷，但她相信自己，对自己有信心，她认为这就是自己的特色。

索菲亚·罗兰在她的自述中详细地记叙了当时的情景：

有一天，他（指卡洛——作者注）叫我上他的办公室去。我们刚刚进行了第三次或第四次试镜头，我记不清了。他以试探性的口吻对我说："我刚才同摄影师开了个会，他们说的结果全一样，噢，那是关于你的鼻子的。"

"我的鼻子怎么啦？"尽管我知道将发生什么事，但我还是问道。

"嗯，咳，如果你要在电影界做一番事业，你也许该考虑作一些变动。"

"你的意思是要动动我的鼻子？"

"对。还有，也许你得把臀部削减一点。你看，我只是提出所有摄影师们的意见。这鼻子不会有多大问题，只要缩短一点，摄影师就能够拍它了，你明白吗？"

我当然懂得因为我的外形跟已经成名的那些女演员颇有不同，她们都相貌出众，五官端正，而我却不是这样。我的脸毛病太多，但这些毛病加在一起反而会更有魅力呢。如果我的鼻子上有一个肿块，我会毫不犹豫地把它除掉。但是，说我的鼻子太长，不，那是毫无道理的，因为我知道，鼻子是脸的主要部分，它使脸具有特点。我喜欢我的鼻子和脸的本来的样子。"说实在的，"我对卡洛说："我的脸确实与众不同，但是我为什么要长得跟别人一样呢？"

"我懂，"卡洛说。"我也希望保持你的本来面目，但是那些摄影师——"

"我要保持我的本色，我什么也不愿改变。"

"好吧，我们再看看。"卡洛说，他表示抱歉，不该提出这个问题。

“至于我的臀部。”我说。“无可否认，我的臀部确实有点过于发达，但那是我的一部分，是我所以成为我的一部分，那是我的特色。我愿意保持我的本来面目。”

正是这次谈话，使导演卡洛·庞蒂真正地认识了索菲亚·罗兰，了解了她并且欣赏她。后来，卡洛·庞蒂成了罗兰的丈夫。由于罗兰没有对摄影师们的话言听计从，没有对自己失去信心，所以她才得以在电影中充分展示她的与众不同的美。而且，她的独特外貌和热情、开朗、奔放的气质开始得到人们的承认。自1950年至1979年，她先后在75部影片中扮演角色，被人们称为“从贫民窟飞出来的天鹅”。1961年，她主演的《两妇人》获得巨大成功，她因此而荣获奥斯卡最佳女演员金像奖。

不是美人胚子的罗兰最终成功了，被人称为“从贫民窟里飞出来的天鹅”，她靠的是什么？很显然，靠的是自信，正是因为自信的光芒，掩盖了她身材的缺陷，而展示了自己与众不同的美，最终成为了影视界的强者。那么在我们身上，是不是也有一些缺点无法掩饰，我们是不是很多时候也为这些缺点烦恼呢？其实我们可以学学罗兰，用自信来掩盖这一切，凸显自己和别人不一样的特性。那么我们该如何才能变得自信呢？

1. 制订一个合适的生活目标。

适度调整自己的生活目标，对自己不能苛求，按照自己的能力制定目标，以能在短期内实现的目标为好。

2. 凡事都往好的方面去想。

经常能往好的方面去想，生活中的不顺利是难免的，即便有什么不顺，你就多想想这个不顺给你所带来的好处。

3. 善于往后看看。

经常往后看看，在你自信心不足的情况下，多往后看看那些不如你的人，然后再想想你的优势，这样，你的自信心会很快恢复。当然在你自信心回来的时候，也不要往前看，毕竟这个世界每天都在不停地发展。

4. 对自己抱有希望。

首先对自己抱有希望。如果你连使自己改变的信心都没有，那就不要再向下看了……要对自己宽容，并使事情看起来容易做到。

5. 表现出自信十足的样子。

表现得好像自信十足，这会使你勇敢一些。想象你的身体已接受挑战，显示自己并不是全然的害怕。法则3：停下来想一想，别人也曾面对沮丧和困难，却克服了它们，别人既然能做到，当然你也能。

6. 为别人做点事情。

克服局促不安与羞怯的最佳方法，是对别人感兴趣，并且想着他们。然后胆怯便会奇迹般消失。为别人做点事情，举止友好，你便会得到惊喜的回报。

7. 尽量做到“忘我”。

只有一个人能治疗你的羞涩不安，那便是你自己。没有什么方法比“忘我”更好。当你感觉胆怯、害羞和局促不安时，立刻把心思放在别的事情上。

如果你正在演讲，那么除了讲题，一切都忘了吧。切莫在意别人对你和你的演讲如何看。忘记自己，继续你的演讲。

8. 把心思放在要做的事情上，而不是胡思乱想。

害怕时，把心思放在必须做的事情上。如果充分准备，便不会害怕。*可能现在工作的节奏不断加快给你带来极大的精神压力，感觉心理紧张。

信心是决定一个人成功的重要因素，信心多一份，成功便会多十分，有信心不一定会赢，但没有信心一定会输。

第四章

每天学点心理学，轻松赢得好人缘

米尔格·兰姆的“人际六度空间理论”：世界上任何两个人之间的间隔人数不会超过六个。也就是说，如果我们想认识一个陌生人，甚至是美国总统，最多也就需要通过6个人，就可以建立和他的联系。

在这个世界上绝对没有联系的两个人是不存在的，任何人都可能通过“六度空间”而建立起交际关系。“六度空间”表明了社会中普遍存在的看似微弱的关系的强大作用，这种微弱的人际纽带使得人与人之间的距离变得非常相近。

以貌取人，失之子羽

春秋时，大教育家孔子有很多学生，其中有一个叫子羽，一个叫宰予。子羽因为体态和相貌很丑陋，孔子就认为他资质低下，不会成才，对他的态度十分冷淡，后来子羽只好退学，回去自己钻研学问。而宰予因为长得仪表堂堂，又能说会道，利口善辩，因此孔子很喜欢他，认为这个学生将来一定很有出息。

然而，事情的发展却出乎孔子的意料之外，子羽其实是一个热爱学习和喜欢独立思考的人，他离开孔子后更发奋努力学习、钻研，成了一个很著名的学者。再加上他处事光明正大，不走邪路；不是为了公事，从不去会见公卿大夫。他的名声在诸侯之间传开了，很多青年因此而慕名到他门下求学。相反，宰予却非常懒惰，大白天不读书研习，却躺在床上睡大觉，被孔子骂为“朽木不可雕”。后来，宰予靠着他的口才，在齐国做官，可是没多久，就因为和别人一起作乱，被齐王处死了。孔子听到宰予的死讯，很感慨地说："从子羽身上使我明白，不能以外貌来衡量一个人；而宰予的事也告诉我，不能只凭一个人所说的话来衡量他。"

定式效应是指思考者对某个问题的认识，或利用某种方法解决实际问题的时候，形成一定程度上的固定的僵化的模式而不求新的突破。这是一种固定不变的态度，如小品“配角”中朱时茂说陈佩斯：“就你那模样，一看就是个反面角色……”然后说自己：“看我穿上这身衣服，起码也是个地下工作者呀……”这就是从长相产生的定式效应。

苏联心理学家曾做过这样一个经典的关于“心理定式”的实验：研究者向参加实验的两组大学生出示同一张照片，但在出示照片前，向第一组学生说：这个人是一个怙恶不悛的罪犯；对第二组学生却说：这个人是一位大科学家。然后他让两组学生各自用文字描述照片上这个人的相貌。

第一组学生的描述是：深陷的双眼表明他内心充满仇恨，突出的下巴证明他沿着犯罪道路顽固到底的决心……

第二组的描述是：深陷的双眼表明此人思想的深度，突出的下巴表明此人在认识道路上克服困难的意志……

对同一个人的评价，仅仅因为先前得到的关于此人身份的提示不同，得到的描述竟然有如此戏剧性的差距。这就是“定式效应”对人们认识过程产生的巨大影响！

其实在日常生活的人际交往中，定式效应也一直在影响着我们：比如看到一个西装革履的人，我们就会自然而然地想到，这肯定是个有钱人，出手肯定大方；同样，如果遇到一个打扮不入时的人，我们自然而然就会想到，这肯定是个穷人，跟他交往没有什么发展前途。这些所谓的“经验”在某种程度上来说是适用的，但是并不是完全正确。西装革履的并不一定是有钱人，说不定是个衣冠禽兽、伪君子；打扮不入时的人并不一定是个穷人，只不过人家喜欢那样打扮罢了。

由此可见，如果陷入“定式效应”当中，就会给我们的人际交往带来很大的影响：

（1）容易看人不准，伤害对方。

（2）束缚我们的手脚，成为精神枷锁。

蒙蒙和丹丹是某房地产公司的销售人员。她们每天的工作就是接待客户看房，帮客户解决疑问。

蒙蒙聪明伶俐，喜欢对买房人进行分类——坐皇冠车来看房的人，购买房子的可能性有多大；坐蓝鸟车来看房的人，购买房子的可能性有多大；坐捷达车来看房的人，购买房子的可能性有多大；坐桑塔纳车来看。房的人，购买房子的可能性有多大等等。结果时间长了后，她就总结出来一点规律——从来看房者所坐的车来判断对方买房的可能性最准——坐的车档次越高档买房的可能性越大，坐出租车和骑自行车来看房的，几乎没有什么可能。于是，蒙蒙看到看房人的“坐骑”档次太低，就根本懒得去接待，免得白费口舌。丹丹却不一样，每一个来看房的，她都非常热情地接待，耐心地解答每一个疑问。

有一天，蒙蒙和丹丹与其他同事在一起聊天。外面来了一个骑自行车的看房人，戴着草帽，样子像一个民工。蒙蒙和其他同事向那一个人看了一眼，便低下头装作很忙的样子。她们想，一个民工来看这样高档的房子，那不是折腾着玩儿的吗？懒得去理会他！

丹丹却很热情地去接待了那个“民工”。结果，那个“民工”是香港的一个老板，在该市经营苗圃。他刚才在苗圃视察时，听说这里的房子不错，就临时借了手下工人的一辆自行车赶来了。那个“民工”看了看样板间，就当即买下了一层，并签下了预定合同。

蒙蒙为自己看人走眼而后悔不迭。

案例中的蒙蒙最终失败并不是因为她不够聪明，而是她有点“自作聪明”，以貌取人。其实在日常生活中，我们很多时候都会犯这样的错误。在人际交往中，第一印象重要，但绝不是对方完完全全真实的反映。有的人注重打扮，注重言谈举止等方面的形象，而有的人则对这些比较随便。在人际交往时，要想避免犯“以貌取人”的错误，可以采取以下几种方法：

1. 平等地对待每一个人。

每一个人的人格都是平等的。在做人时，应该平等地对待每一个人。真人不露相。你身边一个看起来很普通的人，可能就是能够对你的将来有着巨大影响的人。

2. 热情对待任何一个人。

与人交往时，不管对方的衣着打扮如何，始终保持热情，既是对对方的一种尊重，也是自己人格魅力的一种展示。当你对对方热情时，对方就会对你减缓戒备心理，向你展示一个接近真实的自我，从而有利于你正确全面地认识对方。

3. 提高自身认识。

只有提高了自身的认识，了解了自身，才能够更理智地去面对他人，避免犯下以貌取人的错误。以貌取人的人往往会因他人的容貌而无法看清真实的对方。

4. 善于通过旁敲侧击来摸清对方底牌。

在交往的时候，可以通过和对方对话、细节观察、说话谈吐、为人处事等方面进行摸底，如果发现对方确实不是你想交的人，最好尽快“撤退”，以免耽误你的时间。正所谓人际关系并不在于多，而在于精，现在你要做的就是通过你的“摸底”来寻找你最需要的“人际精品”。

用发展的眼光看问题

随着我们学习的知识和经验越来越多，会在头脑中形成较多的思维定式。这种思维定式会束缚人的思维，使思维按照固有的路径展开。其实这并不是教育和不聪明之间的联系，不是学多了知识人就变笨了，而是因为随着我们学习的知识和经验越来越多，会在头脑中形成较多的思维定式。这种思维定式会束缚人的思维，使思维按照固有的路径展开。想一想在生活中我们是不是经常犯这样“聪明”的错误呢。

“刻板效应”又叫“定型效应”，所谓“定型”，是指在人们头脑中存在的，对某一个人或者某一群人的固定形象。比如很多人在心目中认为知识分子就应该是温文尔雅的形象，老板就应该是大腹便便的形象。

很显然，这种“先入为主”的想法很多时候并不正确。举个很简单的例子：知识分子并不一定是温文尔雅的形象，很可能有大腹便便的人。同样，老板也不一定都是大腹便便的，还是有很多温文尔雅的。温文尔雅的知识分子、大腹便便的老板很可能是以前人的思维，是属于老眼光，可是随着社会的发展，不同人的形象也都发生了变化，如果再拿老眼光去看人，势必会犯“看走眼”“以偏概全”的错误，导致人际交往的失败。也就是说，一旦陷入“刻板效应”之中，会给我们的交际带来以下不好的影响：

（1）以老眼光看人，不能正确了解对方近况。

（2）自以为是地判断一个人，容易造成判断失误。

晓岚曾经是公司的一个业务经理，在一次业务中，她接触到一个自称是某某公司的老板，姓刘，秃头，在自我介绍的时候，他说自己的朋友一般都叫自己秃哥，如果别人愿意，也可以这么叫。因为他待人和蔼可亲，并且岁数比她们都要来得大，因此平常大家都亲切叫他秃哥。

时间过得很快，和秃哥的合作已经进行了两三次，虽然期间有过一些摩擦，也还算顺利。这一次，同样是如此，不到一个月的时间，一笔几千万的合同就在不知不觉中签了下来，在期间，一切都很顺利，可是等晓岚所在的公司把货物发给对方之后，秃哥却告诉晓岚，货款可能要晚点发，并且承诺他会按照合同的规定，付给晓岚公司违约金。

可是晓岚却“自以为是”地认为上次出现这种情况的时候，秃哥就没有按照合同的规定给予违约金，这次肯定也不会。于是她就自作主张，在电话里将秃哥狠狠地“教训”了一顿，临了的时候还“语重心长”地告诉对方：“如果你没有钱，就不要做生意！”

这些“恶狠狠”的话语彻底激怒了秃哥，第二天，秃哥就将货款打了过来，并且赔付了足额的违约金。当然，随着货款过来的还有一封他给总经理的“建议书”，上面写着几个字：如果你还想和我做生意的话，我希望下次不要见到秘书处晓岚的身影。

总经理在弄清楚事情真相之后，只能无奈地通知晓岚下岗。面对这个决定，晓岚也只能将委屈的泪水往肚子里咽了，谁让他总是以老眼光去看人呢？

诚然，晓岚在自己的工作中，就是犯了一个“那老眼光看人”的错误，秃哥一次失约，并不会每次都失约，甚至说不定对方失约是有原因的。我们应该根据具体的情况进行具体的分析，切不可像晓岚那样鲁莽行事。在人际交往的过程当中，如果总是以老眼光去看待别人，十之八九会出现判断失误，从而给自己的人际带来不同程度的伤害。可是我们虽然常说“士别三日当刮目相看”，但是我们如何才能做到这一点呢？

1. 懂得驳斥自己的一贯的想法。

面对熟悉的人或者事物的时候，我们脑子中很自然地就会出现一贯的想法，这就是“老眼光”的发源地，要想避免这种情况的出现，就要善于“驳斥”自己的想法。比如一个曾经境况不佳的朋友来找你的时候，你第一反应可能是他要找你借钱，那么这时你就应该告诉自己：不要轻易下结论，说不定人家是来还情的，还是看看情况再说。

2. 相信别人的运气。

成功也有一些偶然因素，这就是我们平常所说的运气。可是很多人都想当然地以为这种运气只能自己有，而别人没有。实际上并不是如此，你有的运气，说不定别人也有。因此，我们要善待身边的每一个人，说不定对方哪天运气到了，成了你的贵人也说不定。

3. 深入了解，再下定论。

这一点在人际交往的时候是非常重要的，只有深入地了解一番，你才会知道对方现在的近况如何。无论是对于刚认识的新朋友，还是对于熟悉却有一段时间没见的故人，都应该做到这一点。

4. 通过交流来改变自己的想法。

在交际场合，经常会出现“不说不知道，一说吓一跳”的情况出现，比如你一直看不上的人经过交流之后才发现，对方竟然是你一直崇拜的对象，只不过是你没有认识对方而已。或者可能见面你对对方的第一印象不好，让你没有往那方面去想。所以说，交流是了解对方的最好方法，也是改变自己看法的最理想途径。

5. 多想想对方的好处，而忘记对方的坏处。

每个人身上都有优缺点，为什么很多人总是“狗眼看人低”呢？因为这些人只看到对方身上的缺点，却没有看到优点，甚至拿着自己的优点去和对方的缺点进行比较。这样做自然是不对的。我们只有多想想对方的好处，而忘记对方的坏处，这样我们就会以积极的眼光来看待对方的改变。

6. 积极约和对方交往，排除其中任何的消极因素。

看人的眼光取决于交往的心态。如果你交往的心态是积极的，那么看人的眼光也是积极的；如果交往的心态是消极的，那么看人的眼光也是消极的。毫无疑问，如果你能积极地和对方交往，排除其中的消极因素，也就不会出现以老眼光看人的情况了。

7. 不要过分相信你的经验。

我们都知道这样一句话：经验不是偏见，而偏见则源于经验。如果我们过分相信自己的经验，很可能就会出现偏见。比如，根据你的经验，没有西装革履的人就是穷人，那么在交往的时候，很可能就会因为对方只穿了一套休闲服而看低对方。

别被眼前景象蒙蔽了眼睛

近因效应指的是某人或某事的近期表现在头脑中占据优势，从而改变了对该人或该事的一贯看法。近因效应与首因效应是相对应的两种效应。首因效应一般在较陌生的情况下产生影响，而近因效应一般在较熟悉的情况下产生影响。两者都是对人或事的片面了解而主观臆断，使得决策信息失真。

在经常接触、长期共事的人之间，人们往往都将对方的最后一次印象作为认识与评价的依据，这常常导致彼此的人际交往和人际关系发生质和量的变化。现实生活中的友谊破裂、夫妻反目、朋友绝交等，都与负面的“近因效应”有关。

比如，在日常生活中，我们可能常常会有这样的体验：当一个平时表现不错的人犯了错误之后，人们往往会将这个错误看得特别严重，这个人的形象也随之会在众人眼中大打折扣；而当一个平时碌碌无为的人突然有了成绩，平常熟悉他的人，会突然眼睛一亮，对其刮目相看。这些都是“近因效应”在起作用。也就是说，人际交往中一旦陷入“近因效应”之中，将会给人际交往带来以下两点不好的影响：

（1）窥一斑而见全豹，不能全面地了解对方。

（2）被一时之感觉而蒙蔽双眼，不能给对方正确的评价。

在人际交往中要牢记一点：不要眼前的景象蒙蔽了双眼，人生路上，谁都有可能经历成功和失败，不要以此来断定一个人的前途和命运，更不要以此为凭据来决定是否和对方交往。

黄达是某公司的一位年轻主管，负责精密仪器产品的配件加工业务。一次，他代表公司前往另一个大公司洽谈一笔很大的外包业务。这个大企业的外包业务量大且稳定，也就是说，如果能拿下这笔业务，公司可以获得一笔很大很稳定的现金流。自然而然，对公司而言，这笔业务很重要。在临走之前，公司总经理告诫黄达，做事情一定要谨慎细致，争取将这个大客户拉下来。

为此，这位主管投入了大量的时间与精力用于前期准备。也许是准备工作做得很周到，双方刚刚接触，对方就表示了明显的好感。有了好的开头，洽谈工作进展也很顺利，最后一天，还留有一些细节问题需要进一步协商。结果，仅用了半天时间，便协商好了。

对方要求再给几天时间，以向上级汇报，再做最后决定。

黄达满口答应了，他心里在想，大企业就是不一样，管理就是严格。要是放在自己身上，肯定立刻签下合同。不过这样也没事，反正协商已定，不会出现大的变动，看来自己这次赢定了。

且料，两三天过去了，一周过去了，对方还没有动静。黄达实在忍不住，打电话询问对方的一名代表，对方代表告诉他，事情可能有变故。他请求对方解释一下原因，对方拒绝了。可他不甘心，当他第三次打电话过去，对方告诉他，问题出在最后那天他穿的那件西装上。

原来，他那天穿的西服的袖口，少了一颗纽扣。虽然之前双方协商得很好，但是就是因为这个丢失的纽扣，让对方谈判人员对黄达以及黄达公司的印象大减。要知道，对方外包的可不是别的，而是精密仪器的零配件！只要有一点点的不谨慎就会出现大的损失。

也许，最后一天洽谈，他太过兴奋而忘了仔细检查自己的衣着；也许是潜意识里，他认为大局已定，不需要再小心翼翼。可是最后一天的印象改变了以往所有的印象，这就是近因效应给黄达最深刻的教训：不要被眼前的景象蒙蔽了双眼。

因为少了一颗纽扣而丢失了一笔生意，从表面上来看，黄达是够冤的，因为这仅仅是个细节问题。可是正是因为这个细节问题，让对方的谈判人员对黄达以及黄达公司所有的印象都减了分。这就是“近因效应”的影响。那么在人际交往过程中，怎么样做才能不被“近因效应”所影响呢？不妨试试以下几种方法：

1. 尽量完整地去看人看事。

无论是看人还是看事，“断章取义”式的方法都是不合理的方法，暂且不说“谁人无过”，就说一个人在一段时间里会受到环境的影响而出现不同的表现。比如，在紧张的情况下和在舒适的情况下，每个人的表现都不是一样的，那么我们又怎么能只通过一段时间的观察就妄下结论呢？在以上案例中，试想黄达能尽量完整地去看待这次谈判，还会出现失败的情况吗？

2. 站在对方的角度去看问题。

出现“近因效应”的影响，很多情况下都是我们凭主观情况去看待别人的表现，有“站着说话不腰疼”“看戏的不怕台高”的嫌疑。所以，在下结论的时候不妨问问自己：如果我自己遇到这种情况，是不是也会和对方一样去做呢？试想，如果黄达是对方公司的主管，要将精密仪器外包，而对方是一个不注重细节的人，那么自己能放心吗？

3. 善于用发展的眼光去看。

我们生活在一个“相对静止、绝对运动”的环境之中，任何事物都在向前发展，可是很多时候我们却以“绝对静止”的眼光去看人。比如对方曾经是一个做事不努力的人，但是经过一段时间的改变，我们还是以这样的眼光去看待对方，合适吗？自然是不合适的。

4. 排除偶然性，不因一时一事评价人。

无论是谁，无论是在生活上还是在工作上，都会出现偶然性。那么我们是不是就可以抓住这些偶然性的事件来下结论呢？比如某人以前一直表现良好，而最近因为不小心犯了一个大错误，那么我们是不是就可以下结论：他从来就不是好人呢？自然，这样也是不合适的。

宽容别人，就是善待自己

宽容，就是宽厚能容忍。它是人类一种可贵的胸襟，可以说是一种美丽而富有爱的人格。

人生活在这个世界上，并不是孤立能够存活的。从原始社会到现在要是没有人与人之间的交往和接触，估计人类仍然过着野蛮的生活。古人很早就提到过，做事情一定要注意天时、地利、人和。把后者人和才是最为关键的条件。人和就是团结，团结就需要一个融洽的环境，内部的成员“宽容”营造了一个能固若金汤的团队。

无论是对于一个民族、一个国家、一个组织、还是我们每一个个体而言，宽容都是解决一切矛盾的前提。宽容，是一种人类的美德，有了宽容、谦让，就有了有了和平、平安的环境，人类才可以享受没有战争的和平世界。

学会在宽容中理解他人，善待他人，关心他人。才可以得到别人的理解和宽容。这也是对于人的一种本身的尊重的表现之一。

汉景帝时，袁盎曾经是诸侯国吴国的宰相。他在吴国任职时，手下有一从史跟他的侍女私通。袁盎知道后，不但没有什么，还装作什么也没发生。对待这位从史还和以前一样。当从史知道自己的事情已经泄露到袁盎那里后，从史害怕，连夜逃跑了。袁盎得知后，赶紧亲自追回从史，并把侍女送给从史。有人说闲话，袁盎就说："喜欢美女是人之常情，不必再提。"这番举动让从史感动不已。

后来袁盎被招进朝廷为官。当时正值各分封诸侯国飞扬跋扈、不听中央号令的时候。不久吴国和楚国叛乱。朝廷由于实力不够，不得不派遣使者前往说服吴楚停息叛乱，于是袁盎被派往吴国。

出使吴国后，吴王想留下袁盎做将军，袁盎不答应。于是吴王密令一都尉带领500人包围了他的住所，将其软禁了起来，准备第二日杀害他。

半夜里，监守袁盎的校司马把袁盎从床上拉起来，说："您快逃走吧，吴王要杀你。"

袁盎不相信，问："你是什么人？"

司马说："我过去是您的从史。蒙您不记我的罪过，并赐我侍女。"

袁盎推辞道："我不能走，这岂不连累了你和你的家人。"

司马说："我已经安排好了，您不用替我担心！"说完，割破帐篷，领着袁盎到了安全的地方。袁盎于是安全地回到朝廷。

哈佛学子亨利·梭罗曾说："谁若想在困厄时得到援助，就应在平日待人以宽。"你怎样对待别人，别人就会怎样对待你。当你善待别人时，别人也会给你应有的回报。

袁盎因为当初的宽容之举世闻名使自己危险时刻逃过一劫。或许这并不是袁盎当初宽容的意图，但是生活中宽恕了他人，换来的却是别人的誓死相报。因而你的宽容之举拓展的也必然是自己的生活之路。正如某位智者所言：你待人的心有多宽，你的路也就会有多宽。

美国第三任总统杰斐逊与第二任总统亚当斯从恶交到宽恕就是一个很好

的例子。杰斐逊在就任前夕，到白宫去想告诉他们之间的友谊。可杰斐逊还来不及开口，亚当斯便咆哮起来："是你把我赶走的！是你把我赶走的！"从此两人不再交谈达数年之久。直到后来，杰斐逊的几个邻居去探访亚当斯，这个坚强的老人仍在诉说那件难堪的事，但接着冲口说出："我一直都喜欢杰斐逊，现在仍然喜欢他。"邻居把这话讲给了杰斐逊听。听后，他便请了一个彼此皆熟悉的朋友传话，让亚当斯也知道他深重友情。后来，亚当斯回了一封信给他，两人从此开始了美国历史上最伟大的书信往来。

宽容会使你的精神达到一个更高的境界。在我们的生活中，难免会发生这样那样的事情：亲密无间的朋友，无意或有意间做了伤害你的事，你是用宽阔的胸怀包容他，还是从此与他分手，两不往来，或俟机报复？有句话叫"以牙还牙"，分手或报复似乎更符合人的本能心理。倘若这样做的话，怨恨就会越来越深，仇也越积越多。可是这样的话，以冤报冤何时了呢？如果你在切肤之痛后，采取别人难以想象的态度，用宽阔的胸怀包容对方，表现出别人难以达到的胸襟，你的形象瞬时就会高大起来。你的宽宏大量、光明磊落会使你的精神达到一个新的境界，这样你的人格就会折射出更高尚的光彩。

哈佛教授珍妮·玛蒂尔说："人们每做一件好事的时候，都会在内心产生一种愉悦。这就是爱心和善举给我们的回报，这种回报正是人生最宝贵的东西。"

在我们的生活中，善待别人也就是善待自己，要想让自己活得更开心，就宽容曾经让你失望的人吧，宽容你的敌人，以退为进，也是一种生活的处世策略。学会宽容，一切矛盾和不开心的事情都会变的海阔天空，学会宽容，遇到生活中的旋涡和大浪，也会让你控制的风平浪静。

善待别人也就是善待自己，道理很简单，宽容也是一种做人的艺术，学会了宽容，相信一定能给你的人格增添一分绚丽的色彩。

尊重：人际交往的第一原则

尊重他人是人际交往的第一原则，也是一种美德。尊重他人的人也会受到别人的尊敬，因为懂得尊重能够唤醒别人的自信和奋斗的动力，指引别人成功。

一个纽约商人在街上看到一个衣衫褴褛的铅笔推销员，出于怜悯，他塞给那人一元钱。但是走过了几步，他又返回来取了几支铅笔，并抱歉地解释自己忘记拿笔了，然后他意味深长地对那个推销员说："你跟我都是商人，你也有东西要卖。"差不多一年后，他们再次相遇，商人发现那个铅笔推销员已成为推销商，他充满感激地对纽约商人说："谢谢您，您给了我自尊，是您告诉了我，我是个商人。"

不仅要在行为上帮助别人，还应该考虑对方的自尊心，尊重对方。尊重他人可以让失望的人们看到光明，让自卑的人们找到自信，甚至可以因此而改变一个人的一生。

在自然界，我们经常会接触到"遮蔽现象"，比如强信号会遮蔽邻近频率的弱信号；在安静的房间中，一根针掉到地上都能听见，可到了大街上，就算手机音量调到最大，来电时也未必能听见，而手机的声音确确实实是存在的，原因就是被周围更大的声音遮蔽了。

其实这种效应也存在人际交往之中，比如在我们和对方交谈某件事情的时候，我们已经有了成见，别人再怎么说我们也不会同意对方的说法。正如我们正专心和别人聊天之时，任凭第三者如何喊叫，我们也可能会听不到。别人的意见是正确的，只是我们已经有了自己的想法，听不进去别人的意见而已。正如第三者喊叫的声音是客观存在的，只是我们的心放在了交谈上面，遮蔽了第三者的喊叫而已。由此可见，在人际交往中，如果自我意识太重，则很可能不能准确地了解别人的想法。换一个角度来说，要想真正全方位地解读对方，给自己一个全新的认识，那么就应该适当地“遮蔽”自我意识，给对方思想、想法、建议留一个空白之地。这样才能促进双方和谐共处，才能真正倾听对方的心声，才能了解别人的想法。否则，就会给自己带来一些不利的影响：

（1）无法倾听别人的心声。

（2）固执，不听别人的劝告。

李云明在云南一家销售公司连续工作了三年之后终于被聘为销售经理。新官上任之初，和所有人想象的一样，李云明很想将“三把火”烧起来，于是，他进行了一系列的整顿，从制度到规则、从薪金到奖金，在李云明的心目中，只有按照自己的想法去做，销售部的业绩才能得到提高。

可是事与愿违，经过李云明整顿的销售部并没有像他心目中所想的那样有所改善，甚至员工还颇有怨言，业绩不仅没有提升，反而开始有所下降。

这是为什么呢？李云明不得而知，渐渐地李云明和下属关系变得异常紧张，在暗地里已经出现了对抗情绪。如果这种情况不及时解除，一场大的冲突将在所难免。正在李云明不知所措的时候，他见到了已经外调到分公司任经理的原来的销售部经理，原经理告诉李云明，出现这种情况，原因在你身上，你的主观意识太强，导致了你不能倾听到别人的意见。而要想解决这种情况，也只有一个办法：闭嘴，然后听。

这时，李云明才发现了问题所在：李云明对公司具体的业务情况了解不少，但是对于管理情况却懂得很少，只是凭借着自己的一腔热情去做，自然会出现差错。最终，他听从了原经理的建议，开始闭嘴，倾听。

有一位销售人员向他汇报工作情况并征求具体建议。尽管无法提供具体的指导意见，但是李云明却是一个善于倾听的高手，他问手下的那个销售人员：“小许，以你的经验，怎么看这个问题？”小许对于领导询问自己感到很高兴，便高兴地说出自己的想法和解决方案。李云明从中听出事情的来龙去脉，心里了解个大概，凭借自己多年的销售经验迅速想出了一套可行性方案，然后手下的员工满意地离开了。经过这样一种倾听式的业务磨合，李云明对业务很快熟悉起来，敌对情绪开始渐渐小事，并且手下的销售人员也认可他是一名优秀的销售经理。

李云明在担任经理之初，对于公司的管理情况不熟悉。应对这一常见问题的最好方法就是倾听，从而赢得员工的信任，也使自己和员工拉近了距离，赢得了好人缘。

正如案例中李云明遇到的情况一样，如果主观意识太强，就不能听从别人的劝说和意见. 只有真正做到“闭嘴、然后倾听”，我们才能摈除内心的想法、倒空自己，才能装进别人的意见和想法。想要成为一个好的倾听者，要想了解别人的想法，逃离“人耳的遮蔽效应”的影响，也不是一件容易的事情，这需要克服诸多的主观障碍：

1. 放弃个人偏见。

即使是思想最无偏见的人也不能保证心存偏见的情况发生，而一旦个人偏见占据了沟通的过程，那么就会阻碍对信息传播的接受程度，从而无法获得准确的信息。由此可见，尽量避免对人对事的个人偏见，是倾听的关键所在。

2. 避免先入为主。

有些时候，第一印象的好坏容易决定倾听者的态度和想法。在倾听的过程中，印象最深刻的就属于对方最先提出的观点了，若是这个观点与倾听者的观点大相径庭的话，那么就容易产生抵触的情绪，而不愿意继续认真听下去。倾听者要注意避免受到这种先入为主的观念的影响。

3. 避免以自我为中心。

大多数人都只习惯于关注自我，这样在倾听的过程中，过于他人提出的观点，如果与自己一致，便会喜于接受，愿意听下去，一旦出现了不同意自己意见的情况，就容易置若罔闻，沉浸在自己的观点中，这样在很大程度上便会错过了与他人沟通的机会，影响彼此的交往。

4. 听话不要自以为是，要听清对方的真实意思。

很多人在听话的时候总是自以为是地去听，并不是按说话人的原意去听的，在听到一个意思的时候，总是愿意加上自己的解释，而这种解释往往是无的放矢。比如说：“小王是个好人，但是……”在说话人还没有说出“但是”的内容的时候，听话人就已经强行为它安上了自己的内容“但是，他身上的缺点也不少！”可是他没有想到的是，说话人原本的意思是：“小王是个好人，但是他却很早就离开这个地方了。”

学会换位思考

像耶稣教导那样，“爱人如己”；像孔子教导那样，“己欲立而立人，己欲达而达人；己所不欲勿施于人”。将心比心，推己及人，训练对人的仁爱之心。

当别人犯错时，先问自己如果处在他的位置会不会犯相同的错误，或者这样告诉自己：如果是我做错事了，也会希望得到别人的原谅。

与人发生争执时，试着站到对方立场上去思考，你就会发现其实对方的观点或行为也有一定的道理。比如，父母总是对我们提出各种各样的过高的期望：学习上要是最优秀的工作上要出色，生活上要俭朴勤快，最好所有家务都能干……这些要求听起来有些过分，这些要求听起来有些过分，被唠叨烦了还想跟他们大吵一架。但是如果能够换个角度，试着从父母的角度想一想，理解他们的苦心，这样，心中的怒气和怨气便消了很多。

“投射效应”是指在人际交往中，认知者形成对别人的印象时总是假设他人与自己有相同的倾向，即把自己的特性投射到其他人身上。一般说来，投射可分为两种类型：一种是指个人没有意识到自己具有某些特性，而把这些特性加到了他人身上。另一种是指个人意识到自己的某些不称心的特性，而把这些特性加到他人身上。简单地说，“投射效应”的本质就是以己度人。

很显然，这种“以己度人”的做法并不保险。特别是在一些时候，你和别人所处的环境不同、面对的人和事不同，那么就会有不同的想法。也就意味着你的想法和别人的想法并不一样。举个很简单的例子：面对一件精美的艺术品，看见一个人走过去了，你可能会想当然地认为对方是想去购买，而实际上对方只是去看看而已，甚至他只是从那里经过，根本就没有意识到这件艺术品的精美之处。那么，很显然，你就是将你自己的“购买意识”投射到了对方身上。

在人际交往的过程中，一旦你过多地将自己的意识投射到别人的身上，就会错误地解读别人的意思，甚至还引发一些误会，给自己的人际交往带来一些不好的影响。这种影响主要体现在以下两个方面：

1. 将自己的想法强加在别人身上。

在日常生活中，人们常常会一厢情愿地把自己的想法和意愿强加到别人身上：很多人总是一厢情愿地帮助另一个人做一些事情，而对于对方来说，根本就不是这么想的，从而发生误会。

2. 误解别人，曲解别人的意思。

有科学家经过研究后得出这样一个结论：一般人听别人说话的时候，只能听到所有话语的30%……那么接下来听话者都在干吗呢？很明显，凭借这听来的30%，开始曲解别人的意思，然后在曲解的基础上发表自己所谓的见解。那么这样的见解会有什么意义吗？自然不言而喻。

相信大家都看过以下这个故事：美国知名主持人林克莱特一天访问一名小朋友，问他说：“你长大后想要当什么呀？”小朋友天真的回答：“嗯……我要当飞机的驾驶员！”林克莱特接着问：“如果有一天，你的飞机飞到太平洋上空所有引擎都熄火了，你会怎么办？”小朋友想了想：“我会先告诉坐在飞机上的人绑好安全带，然后我挂上我的降落伞跳出去。”

当在现场的观众笑的东倒西歪时，林克莱特继续着注视这孩子，想看他是不是自作聪明的家伙。没想到，接着孩子的两行热泪夺眶而出，这才使的林克莱特发觉这孩子的悲悯之情远非笔墨所能形容。于是林克莱特问他说：“为什么要这么做？”小孩的答案透露出一个孩子真挚的想法：“我要去拿燃料，我还要回来！”

由此可见，不了解“投射效应”确实会给我们的交际带来很大的伤害。记住一句话：全面了解别人的想法，等别人把话说完再发表意见，不要以小人之心度君子之腹。这是“投射效应”给我们的忠告，也是人际交流的一种润滑剂。

1754年，弗吉尼亚殖民地举行议会选举，乔治·华盛顿上校作为驻军长官推举了一个候选人。这个候选人得到了大多数人的支持，但是却有一名叫威廉·宾的人坚决反对。作为支持者和反对者，华盛顿与威廉·宾之间展开了较量。

有一次，华盛顿与威廉·宾发生了激烈的争吵。争吵中，华盛顿失言，说了冒犯的话。两人的矛盾升级，由口头的争吵发展为人身攻击。脾气暴躁的威廉·宾认为华盛顿想借此机会消灭自己，于是变得怒不可遏，抢先一步，重重一拳把华盛顿打倒在地。

面对这种情形，作为驻军长官的华盛顿很想反击，并且他也有能力反击。毕竟他的手下都是荷枪实弹的战士，只要他一声令下，威廉·宾便会被痛打一顿。当然，威廉·宾也是这么想的，他甚至开始闭上双眼，等待着华盛顿手下的子弹将自己的胸膛击穿。现场的气氛开始变得异常紧张，似乎一场悲剧难以避免。但是，令士兵不解的是，华盛顿没有采取报复，他对手下说："这不关你们的事！"一触即发的矛盾得到了缓和。

威廉·宾深深地呼了一口气，但是他还是不放心，毕竟这些搞政治的人善于在背后下手，而不是当面消灭你。

果然，不出威廉·宾所料，第二天，华盛顿派人送来的便条，要威廉·宾到当地的一家小酒店去。收到这样的便条，威廉·宾自然而然以为华盛顿要趁机消灭自己，于是他认为华盛顿与他单独挑战的时间到了。他拿了一把手枪，赶往小酒店。他一路都在思考打倒华盛顿的方法。

可是，到了小酒店之后，威廉·宾却非常诧异。他看到了微笑的华盛顿和一桌丰盛的酒菜。"威廉·宾先生，"华盛顿热诚地说，"犯错误乃是人所难免的事，纠正错误则是件光荣的事。我昨天是不对的，你在某种程度上也得到了满足。如果你认为到此可以和解的话，那么请握住我的手，让我们交个朋友吧！"

此刻的威廉·宾彻底被华盛顿折服了，在这一瞬间，他甚至非常讨厌自己，因为他总是以小人之心度君子之腹。紧张的心放松下来的威廉·宾也不失绅士风度地说："华盛顿先生，也请你原谅我昨天的鲁莽和无礼。"威廉·宾因为华盛顿的道歉抛开了对他的不满，成为了华盛顿忠实的朋友和坚定的拥护者。

威廉·宾和华盛顿产生了矛盾，威廉·宾想着华盛顿肯定要置自己于死地，可是他想错了，华盛顿和他想的并不一样，威廉·宾以"小人之心度君子之腹"的行为就是一种投射效应的影响。在交际场合，难免会犯"小人之心度君子之腹"的错误，自然而然会给自己的人际交往带来很大的伤害，那么该如何才能减少或者拒绝这种情况的出现呢？

1. 扩大心胸，改变自己的小人之心。

如果你是一个小人，无论如何你都会以“小人之心度君子之腹”，要想改变这一点，最有效的办法就是扩大自己的胸怀，改变自己的小人之心，像个君子一样去思考问题。这样就能减少交际当中冲突矛盾出现的机会。

试想，案例中如果威廉·宾没有像小人那样去思考，矛盾就不会激化，他也不必为此而胆战心惊，冒着生命危险去做事情。

2. 出现误会，及时解决。

交际场合，误会是不可避免的，但是如果误会不及时消除，同样会影响到我们的交际，甚至还会挑起新的误会和矛盾。因此，在出现误会的时候，要记住一点：及时解决误会，拖延得时间越长，误会就会越深，就越难解决。

3. 凡事都往好的方面去想，而不是坏的方面。

任何一件事情都分好坏两面，这也就是我们常说的两面性。乐观的、善于交际的人会把事情往好的一方面去想，而消极悲观的、不善于交际的人则会把事情往坏的一方面去想。方向的不对，导致最终结果的不同。

4. 出现错误要及时道歉。

真诚地道歉，最容易能打动别人的心理。每个人都可能有做错事的时候，如果你知道自己做错了事，会怎样处理呢？你有勇气直接说出“对不起”吗？还是碍于面子，觉得道歉的话难以启齿？承认自己不对，心里会很难受，脸上会挂不住，做出来很不容易。但是，道歉却有着非常重要的意义。如果你能真心承认自己的过错，你便会发现，认错能消除宿怨，能恢复感情。

5. 虚心向对方请教，防止自己“胡思乱想”。

如果你对对方的某些行为有不理解的地方，最好不要妄下结论，而应该虚心地向对方请教原因，明白了事情的来龙去脉之后，误会也就没有了，我们也就不会以小人之心度君子之腹了。

幽默是化解人际危机的良方

所谓幽默效应，就是指为了调节当时的气氛，用几句幽默的话，使人的心态发生变化，从而产生不同的效果。在心理学上，“幽默效应”还是一种防御机制，它指一个人处于困难和尴尬境地时，采用一些诙谐手法，以自我解脱，应过难关，达到心理安宁。

例如，历史上晏子使楚的故事，就是一个有力的例证。楚国是个大国，齐国是个小国，被派往楚国的使臣晏子偏巧又是一个矮子。高傲自大的楚王要冷淡齐国，故意在宫门旁开了一个小洞，让晏子从小洞进去。晏子为保卫国家尊严和自己的身份，向楚王开玩笑说：“大国有大门，小国有小门，难道楚国是个小国吗？”楚王只好让卫兵大开城门，晏子就这样运用幽默的语言，摆脱自己的困境，从大门进入楚宫。

幽默能够给人带来轻松的感受，所以对于繁忙沉重的生活来说，幽默真是一种不可多得的艺术，它表达了人类征服忧愁的能力。

在二战将要结束期间，东西方的首脑在埃及开罗召开会议。一天，美国总统罗斯福急着去找当时的英国首相丘吉尔洽谈要事。

久居寒冷潮湿的英国，丘吉尔对于开罗干燥又闷热的气候十分难以适应，尤其是白天的气温高达摄氏40度以上，让他几乎待下去。于是整个白天，丘吉尔都把自己泡在放满冷水的浴缸中消暑。

罗斯福匆匆赶到时，丘吉尔的随从没来得及挡驾。罗斯福直接闯进了大厅之中，没有看见丘吉尔，当他听到旁边一个小房间传来丘吉尔的歌声，就循着歌声走了进去，正好目睹了浴缸中一丝不挂的丘吉尔。

两个大国的元首在如此尴尬的情况下见了面，罗斯福马上开口道："我有事急着找你，这下子可好了，我们真是坦诚相见啊！"

反应敏捷的丘吉尔在浴缸中泰然自若地回道："总统先生，在这样的情形下会面，你应该可以相信，我对你真的是毫无隐瞒的。"

两位领袖人物的睿智对谈，轻松地化解了一场化解了他们作为对立双方的火药味，使得后面的谈判非常成功，并成为后世的一段美谈。从这个小典故中，我们就能够了解幽默的力量。确实幽默的力量是无法估量的，良好的幽默感，绝对是化解冲突危机、增进双方情谊最佳的润滑剂。

在一次南部非洲首脑会议上，曼德拉出席并领取了"卡马勋章"。

在接受勋章的时候，曼德拉发表了精彩的讲演。在开场白中，他幽默地说："这个讲台是为总统们设立的，我这位退休老人今天上台来领奖，抢了总统的镜头，我们的总统姆贝基一定不高兴。"话音刚落，笑声四起。

在笑声过后，曼德拉开始正式发言。讲到一半，他把演讲稿的顺序弄乱了，不得不重新整理。这本来是一件有些尴尬的事情，但他却不以为然，一边翻一边脱口而出："我把讲稿的次序弄乱了，你们要原谅一个老人。不过，我知道在座的一位总统，在一次发言中也把讲稿页次弄乱了，而他却不知道，照样往下念。"这时，整个会场哄堂大笑。

结束讲话前，他又说："感谢你们把用一位博茨瓦纳老人的名字（指博茨瓦纳开国总统卡马）命名的勋章授予我，我现在退休在家，如果哪一天没有钱花了，我就把这个勋章拿到大街上去卖。我肯定在座有一个人会出高价收购的，他就是我们的总统姆贝基。”

这时，坐在下面听演讲的姆贝基情不自禁地笑出声来，连连拍手鼓掌。会场里的掌声更是经久不息。这就是幽默的魅力，他拉近了演讲者和亲听者的距离，也拉近了总统与平民之间的距离，打消了一位伟人的神秘感，显示出曼德拉高超的智慧和人际沟通能力。

幽默是人际交往的润滑剂，它能缓解矛盾，使人们融洽和谐。也是一个人高情商的一种体现。幽默是一种机智地处理复杂问题的应变能力，它可以使人笑着面对矛盾，轻松释放尴尬，它往往比单纯的说教、训诫或嘲弄使人懂得更多。

幽默是人类独有的特质。一个幽默的人，能够给朋友带来无比的欢乐，并且在人际交往中增加魅力，因而备受欢迎。有些人天生就浑身充满了幽默细胞，而有些人的幽默感则是后天培养出来的。

那么，应该怎样培养自己的幽默感，培养幽默感需要注意一些什么呢？

1. 要保持心情愉快。

快乐的心胸，是幽默感生存的“土壤”。快乐的人总是能够随时随地的发现和制造幽默事件，给自己和别人带来快乐。

2. 收集笑点。

收集和储存大量幽默素材，如漫话和笑话等，并从中体会幽默的感觉，天长日久，就可以自己制造幽默了。另外，还可以模仿别人的幽默举动。

寻找别人感兴趣的话题

谈话中，没有人会对自己不感兴趣的话题投入过多的热情，而如果遇到自己感兴趣的话题，他们常常会情绪激昂地参与进来。因此，在与对方谈话时，我们就可以抓住对方的这种心理，从而实现进一步的交流。

把话说到他人的心坎上，是一种高超的语言技巧。与人交谈时要“投其所好”“避人所忌”。正所谓“话不投机半句多、言逢知己千句少。”要想打开交际的大门，就要学会对着对方心窝说话，让美好动听的语言走进对方的心田。

找准话题，就会与对方产生共鸣谈论别人感兴趣的事物，是深刻了解人并与人愉快相处的交往方式。

某人一句随便说出的话，却弄得别人十分“不得意”，有点“一石激起千层浪”的意味。即“说者无心，听者有意”。信息发出者的心理比较平静，但传出的信息被接受后却引起了不平静的心理，从而导致态度行为的变化等，这种心理效应现象，正如大自然中的瀑布一样，上面平平静静，下面却溅花腾雾。这种现象在心理学上，被称之为“瀑布心理效应”。

很多时候，我们仅仅是从一个人的面部表情、行为举止去判断一个人心里在想什么，对于那些“喜怒溢于表”的人来说，这种方式是适合的，但是对于那些“不露声色”的人来说，这种做法就显得有点武断了。甚至很多时候，一些人只顾自己自己的想法，说一些自己想说的话，却不知道此时别人的心理是怎么想的，有什么样的反映等等。

由此可以看出，在人际交往中，既要照顾到自己的意思，也要照顾到别人的想法。可能在你说的时候，对方会因为面子、场合、交情等因素而没有当面饬伤你，但是他们平静表情后面说不定已经是“怒气正浓”“心中波涛汹涌”……

否则，我们的人际交往会出现两大障碍：

（1）说话太随便，没有经过深思熟虑。

（2）说话先吐为快，容易伤害到别人。

王晓楠是一家公司的外勤人员，不仅脑子灵活，聪明伶俐，而且还言辞犀利，不乏丰富的幽默细胞，无论到哪儿，都能给人带来快乐。可是就是这样一个女孩子，却被人认为是一个“刻薄之人”，为什么？就是因为她在说话的时候没有想到要“留三分”。

有一次她加了一整夜的班，第二天不但没有得到老板的称赞，还莫名其妙地被训了一顿。老爸说她工作不够仔细、状态差等等，任她怎么解释都不行。王晓楠委屈极了，向一个老员工请教，老员工反问她说：“想想你平时有没有在言词上对老板不敬啊？”

这么一问，王晓楠想起来了，自己平时就爱与同事说笑，后来看老板斯斯文文，对下属总是笑眯眯的，胆子一大，就开起了老板的玩笑。

有一天，老板穿着一身新西装来上班。别人都微笑地对老板说：“您今天真精神啊！”“这身衣服真好看啊！”只有王晓楠夸张地大叫：“老板，你今天穿新衣服了！不过款式好像是去年流行过的啊！”

此话一出，旁边的人立刻脸色大变。虽然老板表现得比较平静，并没有说什么，只是笑了笑，但是当时他的心里肯定不好受。现在回想起来，当时说话还真实刻薄啊！王晓楠后悔不已，可是现在又能怎么办呢？

案例中的王晓楠为什么最终被老板所排斥？很简单，她在说话的时候没有摸透老板的心思，在她自认为和老板“开玩笑”的时候，老板的心里其实已经开始打鼓了，甚至老板的自尊心在王晓楠的一句“玩笑话”中轰然倒地。由此可见，在日常交际当中，我们经常强调说话要注意分寸、要将话说得恰到好处。可是很多人却始终没有意识到这一点。那么，在日常生活中，我们怎样才能把话说得恰到好处呢？除了提高自己的文化素养和思想修养外，还必须注意以下几点：

1. 说话时要认清自己的身份。

所谓身份就是说话的角色地位。任何人，在任何场合说话，都有自己的特定身份。如果你说话的时候没有符合自己的角色地位，就可能出现不礼貌的言辞。如，在办公室，你仅仅是一个普通职员，但是却向其他职员发布命令。这就是没有认清自己的身份。

2. 说话要尽量客观。

这里说的客观，就是尊重事实。特别是向对方传达某件事情的时候，不能添油加醋，更不能信口开河。否则往往会把事情办糟。

3. 说话要有善意。

所谓善意，也就是与人为善。俗话说“好话一句三冬暖，恶语伤人恨难消”，在人际交往中，一定要把握好这个“分寸”。

4. 揣摩他人心理。

要使语言收到良好的效果，就要注意揣摩他人的心理，说对其心思的话。这一方面是你对受话人表示尊重；另一方面，你的话说到了他的心坎上，对方自然乐意。这样一来，你的语言就会收到预期的效果。

5. 契合环境氛围。

要想使自己的话说得恰到好处，就要留意说话时的环境，在什么场合说什么话。如果我们不顾场合与环境，毫无顾忌、信口开河，说一些有悖于环境氛围的话，就会遭到他人的怨恨和责难。

6.注意捕捉时机。

有时候，有些话你若说早了，可能不会产生预期的效果，而如果说晚了，也许又会错失良机。倘若能捕捉时机、恰到好处、坦诚中肯地表露你的见解，就会让他人信服。

7. 不能“一言堂”。

对话是交际的基础，有对话才有交流，有交流才能产生情感。一次成功的交谈，就必须是“你来我往”的，如果把交谈变成独白，尽管你讲得口干舌燥，也没有人为你鼓掌喝彩，所以能说善侃者切忌把自己扮演成“一言堂主”的角色。

8. 不能狭隘偏激。

交谈中，观点难免发生分歧、碰撞、交锋。如果一听到对方提出不同的意见，就急迫地插话或打断他人的话，欲把自己的观点强加于人，这样就会影响自己的交际。一个善于交际的人必定懂得大度宽容，不会盲目排斥，懂得妥协，懂得求同存异。

9. 不能自我吹嘘。

在交谈过程中，每个人都有虚荣心，这一点一定要考虑到。如果只热衷于表现自己，而轻视他人的表现，对自己的一切津津乐道，而对他人的一切不屑一顾，就势必造成自吹自擂、自我陶醉的不良印象。

10. 不能低级庸俗。

说话低级庸俗会给人一种“下流”的感觉，从而断定你并不是一个可交之人，这一点一定要注意到。特别是有女同志在场的情况下，一定要注意这一点。

第五章

每天学点心理学，让交往更轻松

在我们的交往活动中，有时候两方面的评价会有一定的差距，不少人会因此而产生烦恼。这就要求我们要善于调节两方面的评价，全面提高自己的综合素质。正确的自我认识，有助于我们找到自己的社会位置，扮演好自己的社会角色。人生的意义在于奉献，人际交往是我们奉献的桥梁。良好的人际交往，能让我们掌握更多社会的信息，知道他人的生活和需要，才能更好地为他人服务。

言逢知己千句少

沟通就是为了彼此建立关系。沟通时，应以关系为重，对方情绪低落时，就不要再滔滔不绝地说对方不感兴趣的话题，从心理学的角度来说，沟通的语言就是不断地翻译。你倾听他人说的，翻译成他人所想的；同样，他倾听你的话，把它译成你想的。

因此，在谈话中，倘若别人明显地反映出对你的话题参与不多，言语不多的时候，他可能对你的话题漠不关心，也可能是因为害羞或者是不感兴趣。此时，你应该想方设法让他的热情高涨，这样才能让你们之间的气氛尽快变得融洽起来，要想做到这一点，就需要我们在与人说话时，先要多掌握别人的信息，知己知彼，百战不殆，只有了解到一个人的基本性格习惯和心理特点，我们在谈话的时候就不会触礁，反而会谈笑风生，让人如坐春风！

在交际中，如果表明自己与对方的态度和价值观相同，就会使对方感觉到你与他有更多的相似性。从而很快地缩小与你的心理距离，更愿同你接近，结成良好的人际关系。在这里，有意识、有目的地向对方所表明的态度和观点如同名片一样把你介绍给对方。这就是所谓的“名片效应”。

任何两个陌生人之间见面，陌生感是在所难免的，可是为什么很多人在第一次和别人见面的时候总是能和对方打成一片呢？很重要的一点，他们善于寻找彼此心灵之间的契合点。这种契合点非常简单，比如老乡、校友、曾经在同一个公司上过班、认识同一个人、曾经在同一支部队服役过等，这就等于两个彼此陌生的心灵之间有了一个共同的领域。两个人立刻就会觉得亲近很多，彼此之间的话题、热情也就多了许多。

由此可见，利用好“名片效应”可以给自己的人际带来两个方面的好处：

1. 打破陌生感，找到两者之间共同熟悉的一面。

任何两个陌生人在一起都会有所戒备，而要打破这个戒备，最好的办法就是寻找两者共同熟悉的一面，比如说同一个学校、同一支部队、同一个人、同一部电影等。这就相当于在两者之间找到了一座桥梁，通过这座桥梁，两者之间就可以毫无障碍的交流。

2. 找到共同话题，缩小心理距离。

陌生人在一起交流，最怕的就是出现冷场，没有话题可以交流。而一旦有了“名片效应”，那么他们所熟悉的一切都可以当作工作话题，这样一来，就能缩小彼此之间的心理距离。

不久前，张老板出差住在一家旅店，一个先他入住的年轻人悠闲地躺在床上欣赏电视节目。张老板放下旅行包，稍稍洗了一下，冲了一杯浓茶，对那位先他而来的小伙子说：“小伙子来了多久啦？”

“没多大一会儿呢。”

“听口音是河北人吧？”

“噢，保定的！”

"啊，保定是个好地方啊！我在读小学时就在《平原枪声》的连环画上知道了。三年前去了一趟保定，还颇有兴致地特意到白洋淀玩了一次呢，白洋淀雁翔队的故事我可喜欢看了！"

听了这话，那位保定的小伙子马上来了兴趣，两人从白洋淀和雁翔队谈开了，那亲热劲儿，不知底细的人可能还以为他们是一道来的。

还有一次，张老板去一家公司销售电脑的时候，偶然看到这位公司老总的书架上放着几本金融投资方面的书。张老板刚好对于金融投资比较感兴趣，他就和这位老总聊起了投资的话题。结果两个人聊得热火朝天，从股票聊到外汇，从保险聊到期货，聊人民币的增值，聊最佳的投资模式，结果，聊得都忘记了时间。

直到中午的时候，这位老总才突然想起来，问张老板："你销售的那个产品怎么样？"张老板立即抓住机会给他做了介绍，老总听完之后就说："好的，没问题，咱们就签合同吧！"

案例中的张老板就是恰当地使用"心理名片"，不仅和第一次见面的小伙子很快打成了一片，而且成功地做成了生意。两个陌生人之间能取得这样的进展，"心理名片"功不可没。它不仅可以尽快促成人际关系的建立，还能让对方在最短的时间里接纳自己。那么要使"心理名片"起到应有的作用，我们在人际交往的时候到底该如何做呢？

1. 了解对方，制作自己的"心理名片"。

要善于捕捉对方的信息，把握真实的态度，寻找其积极的、你可以接受的观点，"制作"一张有效的"心理名片"。

2. 寻找机会，出示自己的“心理名片”。

寻找时机，恰到好处地向对方“出示”你的“心理名片”，这样，你就可以达到目标。掌握“心理名片”的应用艺术，对于人际交往记忆处理人际关系具有很大的实用价值。

3. 和对方“同步”，寻找共同语言。

交流就好比谈恋爱，必须要有共同语言，否则恋爱就不能成功。和人交往的时候，同样是这个道理。在和人家交流时，你得找到与对方共同的语言，和对方发生共鸣，这样和对方的交谈才能够愉快进行。比如说对方是搞电影艺术的，如果你对电影也有所了解，那么关于电影的话题就是你们之间的共同语言。

4. 巧妙地借用彼时、彼地、彼人的某些材料为题，借此引发交谈。

有人善于借助对方的姓名、籍贯、年龄、服饰、居室，甚至是墙上挂的画、橱子里放的摆设、台板下的照片、书橱里的书等等，即兴引出话题，而这些话题说不定就是交谈双方的共鸣点。和其他的共鸣点想必，这些共鸣点灵活自然，就地取材，其关键是要思维敏捷，能达到由此及彼的联想。

5. 缩短心理距离。

寻找共鸣点的最大困难就在于不了解对方，因此同他人交谈首先要解决好的问题便是尽快熟悉对方，消除陌生。这就要求我们在缩短心理距离上下工夫，力求在短时间内了解得多些，缩短彼此的距离，以便在感情上融洽起来。

当然，缩短心理距离可以从对方发型、服饰、领带、烟盒、打火机、随身带的提包、说话时的声调及眼神等等入手。

表达出你的诚实与热情

曾有人说："有了巧舌加诚意，就能够用一根头发牵动一头大象。"只要是真实可信的说话内容，加上热心诚恳的说话方式，说话交际就能达到理想的效果。

沟通要成功，第一个策略，就是要让人家感觉到你的热心和诚意。正所谓"精诚所至，金石为开。"如果自己本身都意未明，情未动，言不由衷，怎么去表情达意呢？如果说诚意所要求的着眼点是内容，那么热心所要求的重点就是在语言的表达上。"情自肺腑出，方能入肺腑。"只有深切的热诚，才能唤起别人的热诚。说话要有感而发，主要目的在于晓之以理的同时动之以情。

热诚的具体表现是多方面的，其中之一就是对他人的尊重和说话时的礼貌。人与人相处，除了道德和伦理上的意义之外，还有其特殊的含义，而且这种含义直接关系到自己或公司在大众心目中的形象和声誉，与公共关系目标的实现紧密相关，因此，如你身为公关或服务人员，就必须更注重诚意的表达，以及是否尊重对方。

尤其在公关策略中，公关人员服务的对象是"任一不特定的大众"，从理论上说，大众就是任何需要我们提供服务的人。因此，出现在公关人员面前的不管是群体还是个人，只要是他的顾客，就应该对他们讲信用，用真心为大众解决问题。

有一个平凡的业务员干了十几年的推销工作后，突然对长期以来的强颜欢笑、编造假话、吹嘘商品等招揽顾客的做法感到十分厌恶，他觉得这是生活上的一种压力，为了要摆脱这种压力，他决定要对人无所欺。因此，他下定决心今后要向顾客“讲真话”，即使被解雇也在所不惜。

有了这个念头之后，他觉得心情轻松多了。

从此之后，当第一个顾客进店光顾时，顾客问他店中有没有一种可自由折叠、调节高度的桌子。

于是，他搬来了桌子，如实地向顾客介绍。

他说：“老实说，这种桌子不怎么好，我们得常常接受退货。”

“啊！是吗？可是到处都看得到这种桌子，我看它挺实用的。”“也许是。不过据我看，这种桌子不见得能升降自如。没错，它款式新，但结构有毛病，如我向您隐瞒它的缺点，就等于是在欺骗您。”

“结构有毛病？”客人追问了一句。

“是的。它的结构过于复杂，过于精巧，结果反倒不够简便。”

这时，他走近桌子，用脚去蹬脚板，本来，这要像踩离合器踏板，得轻轻地踩，他却一脚狠狠踏上去，桌面突然往上撑起，撞到那位顾客的下巴。

“对不起，我不是故意的。”

这时，客人反而笑了起来，脸上甚至露出喜悦的神色。

“很好。不过，我还得仔细看看。”

“没关系，买东西不精心挑选是会吃亏的。您看看这桌子用的木料，它的品质并非上乘，贴面胶合很差，坦白说，我劝您还是别买这种桌子，您到别家家具店看看，那边的东西要好得多了。”

“好极了！”

客人听完业务员的讲解后感到非常开心，也出乎意料地表示他想要买下这张桌子，并且要马上取货。

顾客一走，这位售货员就受到了主管的训斥，并被告知他被“炒鱿鱼”了，马上要他到人事部办理离职手续。

过了一小时，这位售货员便动手整理东西，准备打包回家。这时，突然来了一群人，走到他面前，争着要看多用桌，一下就买走几十张桌子，说他们是刚才那位买桌子的客人介绍来的。

就这样店里成交了一笔很大的买卖。这件事也惊动了经理，售货员不仅没被辞退，经理还主动提出要与他再续约。而且，将他的工资提高三倍，休假时间增加一倍，还把他如实介绍商品的做法称为新型的售货风格，并要他继续保持下去。

人际沟通上的“诚意”，不仅会在商场上产生奇效，在政治领域中同样如此。

1952年，艾森豪威尔竞选美国总统，年轻的参议员尼克松是他的副总统搭档。

正当尼克松为竞选四处奔波时，《纽约时报》突然报道尼克松在竞选中秘密受贿的丑闻，消息不胫而走，给共和党的竞选带来极为不利的影响。

为了摆脱尴尬的境界，共和党花了数万美元让尼克松利用媒体，向全国选民作半个小时的公开声明。很显然，能否澄清事实，取得选民认同，此举是关键。当时，全美国有64家电视台、700多家电台把镜头、麦克风对准了尼克松。

然而让尼克松意想不到的是，当他走进全国广播公司的录音室之前，他被告知，助选的高级顾问已决定要他在广播结束后提出辞呈。

这意味着共和党和艾森豪威尔，已经在最关键的时刻抛弃了他。

于是，尼克松只好采取了一个在政治史上少见的行动：他把自己的财务状况全部公之于选民，先是公布了他的财产，再公布他的负债情形。

就这样，尼克松争取到了选民的同情，接着他就详细地说明自己的经济状况，连同怎样花掉每分钱都如实地告诉大众，这几乎是每天发生在大家身边的事，听来那么熟悉，那么真切可信。

最后他满怀感恩地说："我还应该说的是，我太太帕特没有貂皮大衣……还有一件事，也应该告诉你们，获得提名之后，我们确实收到一件礼物。得克萨斯州有一个人在收音机中听到帕特提到我们两个孩子很想要一只小狗，就在我们这次出发作竞选旅行的第一天，通过巴尔的摩市的联邦车站送来一只西班牙长耳小狗，带有黑白两色的斑点，我六岁的小女儿西娅给它取名叫切克尔斯，她非常喜欢那只小狗。现在我只要说明这一点，不管别人说什么，我们都要把它留下来。"

尼克松做梦也没有想到自己的演讲获得了巨大的回响。当他走出录音室时，到处是欢呼声，有数百万人打来了电话、电报或寄来信件，几乎每个著名的共和党人都发给尼克松赞扬的函电，从邮局汇来的小额捐款就达六万美元。

就这样，事实澄清之后，尼克松反而赢得了大批同情的选票。

后来，人们评论尼克松这次演讲成功的关键，就在于他的演说具有两大特点：一是"真诚"，二是"淳朴"。

当时，处于绝望边缘的尼克松，并没有以副总统候选人的身份，而是以一个普通人的形象出现在公众面前，与大家话家常，而他讲述的生活细节富有人情味，所以才能打动听众的心，获得他们的信任。

尼克松的获胜，可以说是“诚意策略”最成功的例子。

古今中外很多故事都说明了一个道理：诚实的语言不仅能够带来成功，甚至会创造神话般的奇迹；反之，如果一个人不能在语言上遵循“诚能感人”的原则，就会失信于人，轻则影响个人的形象和声誉，重则危及组织的前途和生存。

因此，一切有远见卓识的人，都必须把“诚”视为处世成功的基础，别再要一些弄虚作假的手段，虽然顾客或大众中，有些人是比较好骗，但不可能所有人都是白痴，投机取巧和巧言令色的面具总有一天会被揭穿，虚情假意是永远逃不过人们的眼睛，因而也是永远说服不了大众的。

用热情打动别人

热情能够最大限度地激发人的潜能。查尔斯曾说："一个人，当他有无限的热情时，就可以成就任何事情。"当你被欲望控制时，你是渺小的；当你被热情激发时，你是伟大的。哈佛学子曾经说过："热情比怨恨更得人心。"在人与人交往中也是这样，热情就是一种人与人之间的黏合剂。

"黑暗效应"源于一个故事：有一对恋人，男子非常钟情一个女孩儿，然而每次约会的时候，他都觉得很拘谨，不能很好地表现自己，心急之下甚至有两次出现了与对方话不投机的情况。情绪沮丧的男子战战兢兢地再一次约会了女孩儿！并暗自决定如果还不能扭转情势的话就选择放弃。

这天晚上，他们无意中选择到一家酒吧去坐坐。酒吧里幽暗的灯光一下子让男子非常放松，谈笑自如。女孩儿也一改从前的矜持和沉默，说了许多心里话。通过这次谈话，他们的关系出现了转机。从此以后，男子多次将约会的地点都选择在光线比较暗的酒吧。最终，他俩终于结下了百年之好。

这是为什么呢？这其实就是"黑暗效应"在起作用。因为在正常情况下，一般人都能根据对方和外界条件来决定自己应该掏出多少心里话，特别是对还不十分了解但又愿意继续交往的人。人们常常会既有一种戒备感，又会自然而然地把自己好的方面尽量展示出来。这个时候，营造一个适合的环境就显得非常重要。而在光线比较暗的场所，约会双方彼此看不清对方表情，就很容易减少戒备感而产生安全感。在这种情况下，彼此产生亲近的可能性就会远远高于光线比较亮的场所。心理学家将这种现象称之为“黑暗效应”。

其实在日常生活中，我们经常利用环境来打开别人的心门。比如，在聊天的时候一般会选择咖啡厅、路边小吃店等，因为这些地方比较轻松随意，心情也会随之改变，话语自然而然也就多了；还比如说，在男女双方约会的时候一般会选择公园、娱乐场所等，因为这些地方气氛比较欢快，人在兴奋之时很容易打开自己的心门……

很多人之所以交际效果不佳，除了交际能力欠缺之外，和交际地点的选择其实也有关系。比如没有注意到“黑暗效应”的影响，将会给交际带来以下影响：

（1）让对方产生戒备，缺乏安全感，从而三缄其口。

（2）使人过于冷静，三思而后语，话语自然而然也就少了。

由此可见，提高交际效率不仅仅要从提高交际能力下手，还要懂得交际之时人的心理变化，善于从对方的内心入手，打开对方的心门，只有这样才能真正达到交流的目的。

为结束天津市人民喝苦咸水的历史，1982年，市政府正式开启了引滦入津工程，要把更甘甜的饮用水引到天津。引渠工程非常浩大，对建设材料的需求量自然也很大。担负隧洞施工任务的工队的炸药供给不上了，如果再收购不到炸药的话，整个工作面上的员工都将面临停工，停工期间的损失也将是巨大的。于是，施工队派王队长带车到南方一家化工厂求援。

王队长昼夜兼程千余里赶到化工厂供销科，得到的答复只有一句话：眼下没货！于是他找到厂长，想让厂长帮忙想办法。厂长很忙，没时间听他多解释，他就跟进跟出，软磨硬泡，有机会就讲几句。厂长最后有些烦了，硬邦邦地对他说："眼下没货，我也无能为力。"

厂长的这句话无异于在下"逐客令"，但是王队长自己明白，如果这次自己无功而返，后果将是不堪设想的。最终王队长决定和厂长去喝两杯，顺便再商量商量。

一说要喝酒，厂长死活不去，但是在王队长等人的软磨硬泡之下，最终还是同意去喝杯茶。喝茶的地点就在一个茶楼之上，古色古香的建筑、清香袅袅的环境立刻让紧张的气氛缓和了下来。很明显，厂长和王队长之间的话慢慢地多了起来。

两人边喝边聊，厂长给王队长倒了一杯茶水，劝他另想办法。王队长并不死心，还是决定再试试。他喝了一口茶语气沉重地说："这水真甜啊！可惜的是天津人就喝不上这样的水，我们都知道，天津的水是苦的，是从海河槽里、洼淀中集的，甚至不用放茶叶它就是黄的。天津这个地方不错，如果水质问题没有得到解决，可真是一个巨大的缺憾。这不仅仅影响到天津的地方经济，还会影响到天津人民的健康。"

听了王队长的叙述，厂长嘴角动了动，想说点却没有张口。

王队长一眼瞥见厂长戴的是天津产的手表，接着说："您也是戴的天津表？听说现在全国每块表中就有一块是天津的，每四个人里就有一个人用的是天津的碱，您是办工业的行家，最懂得水与工业的关系。造一辆自行车要用一吨水，造一吨碱要160吨水，造一吨纸要200吨水……引水入津，燃眉之急。没有炸药，工程就得延期……我也知道厂长很为难，我只是想和厂长商量一下，到底有没有解决的办法呢？"

王队长说得很动情，很在理。在这样的气氛、场合之下，厂长有几分感动，问："你也是天津人？""不，我是南方人，水通了我也喝不上，但我就是想把这好好的水引到天津去，让天津人也都能喝上这样的甜水。厂长能否暂时辛苦一下员工，让天津的百万民众早日喝上甜水呢。”

最终，厂长彻底折服了，他抓起电话下达命令：“全厂加班三天！”王队长成功了，而他的成功就是善于利用环境来打开对方的心门，让对方彻底折服于自己。

厂长最终之所以被王队长说服，很关键的一点：王队长在交谈时，利用了黑暗效应，打开了厂长的心门。在人际交往当中，很多时候为了达到所需要的交际效果就必须要打开对方的心门。可是这并不是一件简单的事情，我们该怎么做呢？

1. 巧妙地利用环境来打开别人的心门。

环境能改变一个人的心情，也能改变一个人的交际状态。大街上的交际状态自然要比茶楼里的交际状态差、嘈杂环境下的交际状态自然要比清静环境下的交际状态差……如果你想打开别人的心门，达到预定的交际目的，不妨选择一个好的环境，巧妙地利用环境来打开别人的心门。如以上案例中的王队长，就是巧妙地利用了茶楼的环境和茶水的甘甜来达到了自己的目的。

2. 多说一些赞同的话。

从交际心理上进行分析，如果你一直不赞同别人的话，别人也不会赞同你的话，自然而然，你们之间的交谈也就出现“话不投机半句多”的局面，交谈都无法继续下去，谈何打开对方的心门呢？要想打开对方的心门，就必须要找对“钥匙”，而“钥匙”就是多说一些赞同的话。

3. 给对方安全感。

完美的交际必须处在平等、安全的氛围下进行的，特别是安全感更是重要，试想，如果你连安全都不能保证，对方又如何能滔滔不绝地和你说话呢？要记住一句话：交际并不是胁迫对方去做某事。

4. 鼓励对方说出自己的想法。

交际过程中，最害怕遇到的就是冷场，特别是对方一言不发的冷场。可是一旦遇到这种情况，我们又该如何去做呢？很简单，就是在交谈时能鼓励对方说出自己的想法，那么对方即便再不愿意说话，也会按照你的要求，发表自己的意见。自然而然，意见发表多了，话题自然也就多了。

5. 通过反问来打开别人的心门。

在交往过程当中，我们同样可以通过反问来达到打开别人心门的目的。比如可以就某个话题反问对方是不是了解、对此有什么看法、有什么好的建议等等。

6. 自己先打开自己的心门。

交流是对等的，你向别人倾吐对少，别人也向你倾吐多少，除非对方是话痨。因此，如果你想打开别人的心门，首先要打开自己的心门，和对方推心置腹地交换意见，那么对方才会和你推心置腹。

你想人家怎样待你，你也要怎样待人

每个人都有自尊心，自尊是一种由自我所引起的自爱自信、并期望受到他人或社会肯定的情感。然而，许多人都存在这样一种想法：值得我尊重的人，我才尊重；不值得我尊重的人，我没有必要尊重他。其实，尊重与某个人是否能干完全是两码事。尊重不存在值不值得的问题，我们应当尊重每一个人的人格，就像我们自己希望受到别人尊重一样。

"态度效应"来源于心理学和动物学专家做过一个有趣的对比实验：在两间墙壁镶嵌着许多镜子的房间里，分别放进两只猩猩。一只猩猩性情温顺，它刚进到房间里，就高兴地看到镜子里面有许多"同伴"对自己的到来都报以友善的态度，于是它就很快地和这个新的"群体"打成一片，奔跑嬉戏，彼此和睦相处，关系十分融洽。直到三天后，当它被实验人员牵出房间时还恋恋不舍。

另一只猩猩则性格暴烈，它从进入房间的那一刻起，就被镜子里面的"同类"那凶恶的态度激怒了，于是它就与这个新的"群体"进行无休止的追逐和厮斗。三天后，它是被实验人员拖出房间的，因为这只性格暴烈的猩猩早已因气急败坏、心力交瘁而死亡。

在日常交际之中，我们总是希望别人对自己的态度好一点、尊敬一点。

其实别人也是这么想的，我们想要的，别人也想要。这意味着什么呢？我们想要别人怎么样来对待我们，就必须做到一点：我们以同样的态度去对待别人。从表面上看，这是一种“相互尊敬”的外在表现，而实际上就是“态度效应”的影响。

在现实生活中，很多人都在埋怨周围的人对自己态度不友好、不愿意帮助自己、总是和自己作对，其实这些人在埋怨别人的时候应该好好地反思一下：自己是不是也是这么对别人的呢？这就是《圣经·新约》中的一段话：你想人家怎样待你，你也要怎样待人。同时这也是对“态度效应”最好的解释。

由此可见，如果不了解“态度效应”在人际交往中的作用，将会给自己的人际交往带来以下不好的影响：

（1）自寻烦恼，产生猜忌心理。

（2）不能改善人际关系，产生厌烦交际的情绪。

约瑟夫是一个看起来非常“严肃”的推销员，因为他觉得推销员“严肃”一点会让客户觉得自己推销产品质量是过硬的。可是他的“小聪明”并没有赢得客户的认同，因为他每次和客户对话的时候，客户同样会表现得非常“严肃”，然后非常有礼貌地将他“请”出自己的家门，约瑟夫的推销很多次都没有成功。

一天，约瑟夫又去拜访一位客户，同样很可惜，他们没有达成协议。约瑟夫很苦恼，回来后把事情的经过告诉了经理。经理耐心地听完了约瑟夫的讲述，沉默了一会儿说：“你不妨再去一次，但要调整好自己的心态，要时刻记住运用微笑，用你的微笑打动对方，这样他就能看出你的诚意。”

约瑟夫试着去做了，他把自己表现得很快乐、很真诚，微笑一直洋溢在他的脸上。结果对方也被约瑟夫感染了，他们愉快地签订了协议。

最后，总经理告诉约瑟夫："你对客户的态度就是客户对你的态度，如果你想改变你周围人对你的态度，首先得你自己改变对周围人的态度。"

约瑟夫受到了启发，决定试试。

约瑟夫结婚已经18年了，每天早上起来匆匆忙忙地去上班让他顾不上自己心爱的太太，他也很少对妻子微笑。约瑟夫决定试一试，看看微笑会给他们的婚姻带来什么不同。

第二天早上，约瑟夫梳头照镜子时，就对着镜子微笑起来，他脸上的愁容一扫而空。当他坐下来开始吃早餐的时候，他微笑着跟太太打招呼。她惊愕不已，非常兴奋。在这两周的时间里，约瑟夫感受到的幸福比过去两年还要多。

现在，约瑟夫上班时，就对大楼门口的电梯管理员微笑；他微笑着跟大楼门口的警卫打招呼；站在交易所时，他对工作人员微笑。约瑟夫很快就发现别人同时也对他微笑。一段时间之后，他发现微笑带给他更多的收入。

约瑟夫现在经常真诚地赞美他人，停止谈论自己的需要和烦恼。自然而然，他对别人的态度好了很多，而别人对他的态度也好了很多。约瑟夫真正感受到了被朋友包围的美妙感觉。

案例中的约瑟夫，他所面对的人没变、所要推销的产品也没变，但是他最后的人际关系却改变了很多，这一切正是因为他对别人的态度发生了改变，使得别人从心理上接受了他。很显然，交际情况不好，原因是多方面的，其中交际时的态度是最为重要的原因之一。你以什么样的态度、心态去面对你的朋友，这将直接影响到你的交际结果。比如，你以厌烦的态度和别人交往，别人肯定也不愿意理会你；相反，你以友好的态度和别人交往，别人肯定也以友好的态度回报。那么在交际时如何才能摆正自己的态度呢？

1. 不受其他情绪的影响。

很多时候，我们的交际态度会受到自身一些其他情绪的影响，比如说家庭的不和、工作的不顺、朋友的不和等，一旦受到这些情绪的影响，交际态度自然也就难以摆正了。那么如何才能不受这些情绪的影响呢？很简单的一个办法：暂时忘却他们。

2. 礼貌用语。

礼貌是沟通心理学的外在表现，态度友善与否完全可以从交际用语当中体现出来。如果你对对方有意见，不怎么愿意和对方交往，自然不会使用“您”“请”“谢谢”之类的礼貌用语。其实，要想摆正自己的交际态度，同样可以从礼貌用语开始。

3. 利用好心理沟通。

和同样的人交际，用不同的沟通方式，会有不同的效果。说话的内容固然重要，但是别人的感觉是好还是坏，他听完之后反应如何，就全靠说话的方式而定。高明的表达技巧才能更容易地办好事情。从某种程度上来说，这也是交际态度的表现。

4. 善于照顾别人的情面。

交际态度的好坏，还表现在能否照顾别人的情面。一个态度不好的人可能出口就伤人，要么胡说八道，要么就是讽刺挖苦，让对方非常难堪。而一个态度好的人可能会“三思而后语”，不仅会考虑到对方的面子问题，而且还能照顾别人的情面。所以，要想改善自己的交际态度，不妨从照顾别人的情面开始。

缩短心理距离

亲和感，就是交流双方打成一片，彼此感到如自己人，有共鸣共振之感。亲和感制造了吸引力，是赢取他人的信任和信心的关键。如果一个人与别人在一起时不能制造亲和感，那么就不会产生任何重要的关系。

亲和感显示了理解和兴趣，以及真正的关心。获得的对方的亲和感离不开模仿。模仿的目的是向对方输送一个潜意识信息：你跟他们十分相似。如果你与别人非常相似，你就有可能得到那个人的信任。

“同体效应”也称“自己人效应”，是指人际交往时人们往往喜欢那些和自己归于同一类型的人，把这些人当成知心朋友。朋友对“自己人”的话更信赖，更易于接受。所谓“自己人”，就是指那些与自己在性格、认知等方面存在着某些相似或共同之处的人。这种共同之处，既可以是血缘、地缘上的，也可以是志向、兴趣、爱好、利益上的。不难看出，“自己人效应”与社会心理学中的“喜欢机制”是一脉相承的。“喜欢”使人们倾向于寻找平衡，这首先意味着人们喜欢那些和他们相似的人。

社会心理学家纽卡姆在1961年曾通过一项实验表明，彼此间的态度和价值观越是相似的人，相互之间的吸引力就越大。这种共同之处，就如同一种舒服的粘合剂，会在交往的双方之间生发出认同和好感，自然而然地，在彼此的交往中就会营造出“话儿好说，事儿好办”的良好人际沟通氛围。

“同体效应”在人际交往中是普遍存在的，它可以使我们在最短的时间内取得对方的认同感，从而更好地实现我们与之交往的预期。我们常说某某人有亲和力、有感染力，实际上指的就是这个人很会运用“自己人效应”与人相处。很多人之所以交际效果欠佳，和不懂得“同体效应”的影响有关系。因为这会给他们的交际带来两个方面的影响：

（1）难以寻找认同感，难以打破交际戒备之心。

（2）难以接受你的观点，不能形成良好的默契和好感。

说到底，“同体效应”就是在人际交往中缩短彼此之间心理距离的一个良方。通过这种效应，就能在短时间里打破交际双方的心理隔阂，达到交际的顺畅，从而达到交际的目的。

一位刚从学校毕业的求职青年，因为缺乏经验，应聘几家单位最终都被拒之门外。他感到十分沮丧，不过在沮丧的同时，他也在积极地寻找办法来改变这一现状，因为他知道，总有一个办法能帮助自己如愿以偿的。

可是，他仔仔细细想了一遍之后还是没有发现“良方”，无奈之下，他回到学校，寻找老师的帮助。老师热情地接待了他，并给了他一个答案：寻找你和应聘者的共同点，缩短彼此之间的心理距离。

第二天，这位求职青年就到一家单位应聘，在这过程中，他得知，这家公司的老总竟然是自己的校友，甚至也认识自己的班主任老师。这样一来，求职青年就不失时机地和老总聊了起来，包括母校的种种变化和最近的趣事，甚至在现场还和他的班主任老师通了电话。在聊天的过程中，求职青年还不失时机地展示了自己的学识、能力和抱负。这一切博得了老总的赏识和认可，最终这个青年被录用为业务经理。

案例中的这位青年正是利用了“同体效应”，拉近了与公司老总的心理距离. 以情投意合的沟通为自己能够被录用奠定了很好的基础。诚然，在人际交往中，使用好“同体效应”将会给我们的人际交往带来很多好处，那么，我们该如何才能恰到好处地运用“同体效应”呢？

1. 捕捉信息，了解对方。

要使用“同体效应”，首先就应该找到交际双方的“同体”之处。即要善于捕捉对方的信息，寻找其积极的、你可以接受的观点，形成一种默契和好感。而不是牵强附会，让人感到有拍马之嫌。

2. 寻找和彰显双方一致的地方。

既然捕捉了消息，了解了对方，那么接下来要做的就是寻找和彰显双方一致的地方，让对方认定你是他的“自己人”，从而更容易接受你提出的建议。当然，这些一致的地方可以是性格、认知、血缘、地缘、志向、兴趣、爱好、利益等方面。

3. 寻找恰当的时机彰显彼此之间的“同体”之处。

找到彰显双方一致的地方之后，就可以寻找适当的时机将这种“一致”表现出来，很多人觉得，既然是“自己人”，那么在任何时候说都可以，其实并不然，如果时机没有把握好，不仅达不到彰显的效果，反而还会有“溜须拍马”之嫌。

4. 以“同体”之处为话题。

明确了“同体”之处并不意味着就能达到“同体效应”了，要达到这一点，还有关键的一步：以“同体”之处为话题，比如说说共同的母校、共同的家乡、共同熟悉的一部电影等。只有再次明确“同体”之处，“同体效应”才能产生。

5. 使双方处于平等地位。

巧妙运用“自己人效应”，还要努力使双方处于平等的地位，只有这样，我们才能取得对方的信赖，提高自己的人际影响力。

只承诺你能做到的

只承诺你能做到的，然后尽力超越你承诺的。

“冷热水效应”源于自然界的一个现象：一杯温水，保持温度不变，另有一杯冷水，一杯热水。当先将手放在冷水中，再放到温水中，会感到温水热；当先将手放在热水中，再放到温水中，会感到温水凉。同一杯温水，出现了两种不同的感觉，这就是冷热水效应。

这种现象的出现，是因为人人心里都有一杆秤，只不过是秤砣并不一致，也不固定。随着心理的变化，秤砣也在变化。当秤砣变小时，它所称出的物体重量就大，当秤砣变大时，它所称出的物体重量就小。人们对事物的感知，就是受这秤砣的影响。

其实，在我们的日常生活和人际交往当中，我们也常常遇到“冷热水”效应。比如你因为某事寻求别人的帮忙，第一个人告诉你：我一定能帮你办到。可是结果却是他没能做到这一点，那么你就会想他是不是没有用心帮我呢？相反，第二个人告诉你：我尽力吧，但是不一定能办到！结果对方办到了，你就会万分感谢对方。即便对方也没有办到，你也不会想着是对方没有用心。

那么为什么呢？因为我们的心理期待变了。对于第一个人，你的心理期待很高，但是最后却落空了，心里自然不会高兴；对于第二种人，你的心理期待不高，但是成功了，你的心理期待得到了意外的满足，自然而然高兴万分了。人际交往中，善于运用“冷热水效应”，否则将会出现很多不必要的麻烦，以下两种就是最为典型的：

（1）造成他人心理期待落空，伤害别人。

（2）让自己在别人面前失去信用。

由此可见，当你不能直接端给他人一盆“热水”时，不妨先端给他人一盆“冷水”，再端给他人一盆“温水”，这样的话，这人的这盆“温水”同样会获得他人的一个良好评价。

刚刚参加工作的曹浩，在接到老板交付的第一项任务后，为了一鸣惊人，制定了超常规的完成标准，追求完美到每一个细节。结果，不仅没有按时完成任务，而且大大超过成本预算。如果是一般人，遇到这种情况就应该知难而退了，但曹浩痴心不改，为了表明这只是一时失误，他又选择了一项高难度、连资深同事都发愁的工作。当然，最终由于经验不足，最后又弄得一塌糊涂，被老板狠狠地呵斥了一顿。

曹浩是个好面子的人，看到周遭的人越混越好，而自己却在原地踏步，心里相当不平衡。于是便开始吹牛，今天说跟某部长是大学同学，明天说和某局长是死党，后天又说与某某委员关系很好。果然没多久，他发现周遭的人看自己的眼神都和过去不同了，羡慕中带着一丝敬畏，让他好不得意。

不过这种“很有面子”的日子还没过多久，麻烦就来了。先是同事王生的岳父准备开一家快餐店，证件却总是办不下来。于是王生找到曹浩，请他帮忙疏通关系。这下曹浩有麻烦了，他的确认识某某部长、某某局长、某某委员，天天电视上看着亲切得很，可是他们哪里认得自己是谁啊？

可是话早已说出口，为了面子，曹浩只好应承下来。或许是巧合，事后没几天，王生快餐店的证件竟然奇迹般地办下来了。自然，王生觉得这是曹浩的功劳，请客、感谢不在话下。事情很快传开了，许多人对曹浩的态度越发尊敬，爱面子的他又得意忘形了起来。不过很快地，他又笑不出来了，因为上次的事情过后，更多人来找他办事情，而且每一件都不是小事，动辄就是买地皮、租商业大楼之类的大事情。而曹浩为了不失面子，虽然明知根本办不到，却也不好拒绝，通通应承了下来。结局自然而然不会好。

正如以上案例中的曹浩，很多人总觉得自己能办成很多大事，而实际上上却什么都做不了。最终因为说大话、张大口而被别人所耻笑。从表面上来说，这仅仅是一种虚荣心在作怪，而从实质上来说，却是这些人不懂得人际交往之间的冷热水效应。在此我们要记住一点：你认为能做好的事情，并不一定能做好，更不一定能做到让别人满意，那么别人对你失望也是在理的。那么与其如此，不如不要把话说得那么绝对，给自己留一条退路，也给别人留一个心理空档。如果你能把事情做到90%，别人就会感谢这90%，而不是埋怨你没有做好的10%。

那么，在日常交际中，我们该如何做才能给自己留一条退路呢？

1. 不伤感情地拒绝

拒绝别人又如何不伤害对方的感情，这是一个交际的艺术。比如说在拒绝他人时，我们有时会觉得不便说“不”，便随便找些不值一驳的理由来暂时搪塞对方，以求得一时的解脱。但这个方法并不高明，因为对方仍可能会找理由与你纠缠下去，直到你答应为止。比如你不想答应帮他做事，推托说：“今天我没有时间。”他可能会说：“那没有关系，你明天再帮我做好了，事情就拜托你了。”此时，你可能很难再用其他借口推辞了。即便你再找出什么理由，对方也会觉得你能办到这件事情，只不过是不愿意办罢了，那么在无意之中你就伤害了对方的感情。

实际上，对付这种情况你倒不如直截了当地用较单纯的理由明确地告诉对方："你托办的这件事办不到，请你原谅。"这样拒绝虽然听起来有些生硬，但理由却单纯简洁，不再给对方以可乘之机，而且相比较其他的拒绝方式而言，更加不伤害对方的感情。

2. 含蓄委婉地拒绝

当我们要拒绝别人时，心里可能总在想：“不，不行，不能答应他！”等等，然而我们的嘴上却不敢明说，只能含糊不清地说：“这个……好吧……不过……”这种口不应心的做法是为了不得罪别人，可是却事与愿违，反而不利于待人接物。

有时，我们对一些不合情理或不妥的做法必须回绝。但为了避免冲突，或由于某些原因不便明确表示，可采用较隐晦曲折的语言向对方暗示，达到拒绝的目的。

3. 笑而不答地拒绝

当你被一个需要立即表示赞同与否的问题而大伤脑筋时，也许笑而不答的方式可以帮助你。

4. 幽默地拒绝

用幽默的方式拒绝别人，有时可以故作神秘、深沉，然后突然点破，让对方在毫无准备的大笑中失望。这样的拒绝，效果非常理想。

5. 别让自己的虚荣心作怪

说大话往往都是虚荣心在作怪，这一点是毋庸置疑的。很多人为了在别人面前抬高自己的身份和地位，故意说出一些不靠谱、原本和自己一点关系都没有事情。比如案例中的曹浩，为了让自己觉得有面子，就故意吹牛，今天说跟某部长是大学同学，明天说和某局长是死党，后天又说与某某委员关系很好。要知道，这些东西如果只能唬住一时，终究有穿帮的那一天。

6. 脚踏实地地做事

脚踏实地地做事是最好的处事方法，我们都知道，任何人都会在心里面对脚踏实地做事的人起敬，这对于满足我们的虚荣心来说已经足够了，又何须去编一些不靠谱、没有任何来头的谎言呢？如果别人真的想要你帮忙，那么有什么就说什么，不要因为面子上抹不开就强迫自己答应下来，充大头。

提高自己的吸引力

我们都知道，海水看似平静，其实并不平静，因为在每时每刻，不同的地方都会出现不同程度大小的海潮。海水因天体的引力而涌起，引力大则出现大潮，引力小则出现小潮，引力过弱则无潮。

其实在人际关系中也是如此，你对别人的吸引力大一点，你的人际关系就会好一点；你对别人的吸引力小一点或者没有，那么你的人际关系就会差一点或者很糟糕。这种人与人之间相互吸引的现象和天体引力对海水的引力是相同的，于是社会心理学家便将人际关系中相互吸引的现象称之为“海潮效应”。

很多人在交际的时候都会产生一个先入为主的想法：只要我长得好看或者穿着出众就能赢得别人的好感，就能和别人交上朋友。那么事实是不是这样呢？很明显，不是。长得漂亮或者穿着出众只能让对方在人群中一眼就看到你，但是并不一定会愿意和你交朋友。要让对方在第一时间里和你交朋友，必须具备一点：你的身上有足够的魅力能吸引对方，抓住对方的心理。正如很多人所说的，“抓人要先抓心”，只有从心理上将对方征服，对方才能真正与你为友。否则，你的交际将会出现交际两大障碍：

（1）失去交际标签，别人不容易一眼就看到你。

（2）别人不会主动靠近你，使得交际陷入被动。

彤彤是一个很注重自我外在形象的女孩子。无论她走到什么地方，都会令人眼睛一亮。她很是能够吸引对方的眼球。照理来说，像这样漂亮的女孩子，应该很受人欢迎，有许多的朋友。可事实，她的朋友少得可怜。在开始的时候，她并没有注意到这些，直到有一次，她在遭到了打击之后才有所反思。

那天是她闺中密友的生日，在宴会上她遇到了一个自己心仪的男孩子后，匆匆聊了几句之后两人觉得还都不错，于是约定第二天见面。

第二天，他们在彤彤住处不远的咖啡店见了面，期间聊了很多话题，从表面上来看，他们聊得都很开心，可实际上并不是如此。自从那次见面之后，那个男孩子再也没有和她见面，即便彤彤三番两次地约他出来见面，他也是找个理由躲避。

这是什么原因呢？难道自己还不够漂亮？彤彤一直在思考。其实她的闺中密友知道，那个男孩子之所以不和彤彤来往，并不是因为她不够漂亮，而是因为在她身上，一点吸引力都没有，除了漂亮的外表之外。这一点是从她的谈吐中发现的，那天她和那位男孩子在咖啡店见面，男孩子说的很多事情她都不知道，特别是当前一些流行的元素，她更是一无所知，而她所说的又都是一些街头巷尾的流言以及柴米油盐之类，那个男孩子觉得她很"俗"。自然而然，两个人之间没有了共同语言，也就没有继续交往下去的可能了。

案例中的彤彤是一个外表条件非常好的人，但是身边却始终没有朋友，甚至主动去约男孩子，对方也会寻找理由拒绝。很显然，这是很丢脸的。为什么会出现这种情况呢？问题就出在彤彤自己身上：不具备自身的吸引力。既没有很好地发挥“海潮效应”的影响。那么要想做到这一点，该如何去做呢？

1. 尽量做到和对方的思想重合。

只要做到和对方的思想重合，就相当于找到了双方心理的共振点。只要你能把情感与对方的思想混合在一起，并能随意这样做，那么你就能影响到四周的人。

2. 具备一定的文化学识。

文化学识是一个人有没有内涵的表现，只有具备深厚的文化功底，你才能在交际场合表现出自己的魅力，不会和案例中的彤彤一样，别人说什么都不懂，只能聊一些关于街头巷尾的流言蜚语。如果你这么去做了，很显然，就表明你也是一个没有人际吸引力的人。

3. 礼貌修养是必需的。

礼貌修养是人与人之间交流的“一道桥”，特别是和陌生人之间，在心理上原本就有一道鸿沟，那么两个人如何跨过这道鸿沟进行交流呢？通过礼貌修养，比如握个手、寒暄一下、赞美一番等来打开彼此的心门，从而达到交流的目的。从这种意义上来说，礼貌修养的好坏也是一个人吸引力大小的外在表现。

4. 话题选择要谨慎。

要让自己更加吸引人，在和对方交流到时候就应该注意一点：不要什么话都说。暂且不说“话到嘴边留三分”，仅仅在话题的选择上就应该这么去做。毕竟，你所提出的话题并不是每个人都喜欢听、喜欢说的，这个时候你就应该谨慎一点，选择一些双方都喜欢的话题。

摆正自己的位置

著名心理学家荣格曾列出一个公式：i+we=fulli。意思是说，一个人只有把自己融入集体中，才能最大限度地实现个人的价值，绽放出完美绚丽的人生。认识自己的不足，善于看到别人的长处，是具有良好的团队精神的基础。现代社会并不缺少有能力的人，但真正需要的是既有能力又富有团队精神的人！没有完美的个人，只有完美的团队，单打独斗的时代已经过去，唯有团队合作方能取得胜利。拥有一支卓越的团队，就等于拥有了成功。一个没有团队精神的组织，将是一盘散沙；一个没有团队精神的民族，将会难以强大。

蚂蚁是自然界最为团结的动物之一，一只蚂蚁的力量确实是微不足道的，但100万只甚至更多蚂蚁组成的军团则可以横扫整片树木或一幢幢高楼，可以将一只狮子或老虎在短短的时间内啃成一堆骨头。可是如果只有一只蚂蚁，那么它几乎什么都做不了，所以任何一只蚂蚁都不会把自己的力量看得太重，以至于它们不会离开自己的群体独居，更不会放弃团体的力量而独自去完成某事。社会心理学家便将这种现象命名为“蚂蚁效应”。

其实对于我们任何一个人来说，都是一只力量单薄的蚂蚁，如果我们要完成一件事情，只能靠大家的帮忙，否则不是遇到重重困难就是遭遇各种各样的挫折。可是现实生活中的很多人却偏偏不信这个邪，他始终认为自己的能力很高、势力很大，没有自己摆不平的事情。他们做事情总是喜欢独来独往、不会想着去和别人合作或者共事。

很显然，这些人在做事的过程当中，总是犯一些个人英雄主义的错误，不把别人放在眼里，不仅得罪了别人，而且也时常让别人看到自己的洋相。

有个女孩，北京大学经济学院毕业后，到一家单位工作。正所谓初生牛犊不怕虎，刚到单位不久的女孩就争取到了一个大项目。按照一般人的想法，她肯定要寻找同事的帮忙，暂且不说她还是个新手，即便是个老手，这么繁杂的工作她一个人也做不完。可是令大家没有想到的是，她竟然单枪匹马地干开了。

几个好心的同事劝她：还是找几个人帮忙吧，这么大的项目，一个人不仅吃不下，说不定还会被噎死啊。可是这个女孩自恃是经济学院毕业的，能力通天，硬是没有听从同事的劝说，还是单枪匹马地做着。

事情正如大家所预想的那样，这么大大项目她一个人根本就做不下来，特别是其中涉及到的一些知识还要现学，更是让她花费了不少时间，随着交易时间的临近，她越来越发现时间不够用了。最终无奈之下，她开始寻找同事的帮忙。

人多力量大，加上同事都是老手，很快就把这个项目搞定。事后，女孩深有感触地说：以前我总以为自己的力量有多大，在一个项目面前我就差点歇菜了，看来我当初的想法确实太幼稚了。

正如案例中的女孩所发现的一样：个人的力量确实很小，即便你再有通天的本事、再有能力，很多事情还是要别人去帮忙完成。如果你把个人力量看得太重，势必会给自己的工作带来很大的麻烦。那么我们该如何做才不会出现这种问题呢？

1. 时刻记住保持低调。

低调不仅仅需要行动上避免“锋芒毕露”，而且在心理上也需要告诫自己：我不是万能的。特别是后者，更是重要。因为只有你在心理上低调了，才能在行动上控制自己。很多人觉得这样可能会影响到自己的自信心，其实不然，低调能让我们更加正视自己的能力，不但不会影响我们的自信心，而且还能给自己一个全新的认识。

2. 要懂得“听劝”。

可能对于很多人来说，“听劝”是一件非常掉面子的事情，其实并不是如此。在很多时候，我们不仅要听劝，还要主动征求别人的意见和建议。试想，案例中的女孩子，如果当初能听老同事的劝，还会花费那么多的时间和精力吗？自然不会。同时，我们还要记住一点：别人能劝说我们，是对我们好。

3. 要适当示弱。

在很多时候，逞强带给我们的不仅仅是搞砸的事情，而且还是虚荣心的膨胀。很多人之所以没有搞清楚自己到底有多少能力，关键就在于他们容易被虚荣心冲昏了头脑。

4. 正确了解自己的实力。

自己到底有多少实力，应该有一个明确的、清楚地认识。不要想当然地以为这件事情自己能办好就承揽下来，等到真正开始的时候才发现，自己什么都不懂。

赠人玫瑰，手有余香

奉献的同时，自己也会有所收获。将这个道理反过来，如果你想得到什么，你就必须先付出什么。如果你想要快乐，就先给予别人快乐；如果你需要爱，就先要学会付出爱；如果你需要别人的关注和欣赏，就先学会对别人关注和欣赏。所以，只有不断付出的人，才能收获更好当然人际关系。

“马斯洛需求层次理论”把人类需求分成生理、安全、社交、尊重和自我实现五类，依次由较低层次到较高层次：

生理需求：对食物、水、空气、住房和穿着等需求都是生理需求，这类需求的级别最低，人们在转向较高层次的需求之前，总是尽力满足这类需求。一个人在饥饿时不会对其他任何事物感兴趣，他的主要动力是得到食物。

安全需求：安全需求包括对人身安全、生活稳定以及免遭痛苦、威胁或疾病等的需求。和生理需求一样，在安全需求没有得到满足之前，除了生理需求，人们最关心的就是这种需求。

社交需求：社交需求包括对友谊、爱情以及隶属关系的需求。当生理需求和安全需求得到满足后，社交需求就会突出来了。在马斯洛需求层次中，这一层次是与前面两个需求层次截然不同的另一层次。

尊重需求：尊重需求既包括对成就或自我价值的个人感觉，也包括他人对自己的认可与尊重。有尊重需求的人希望别人按照他们的实际形象来接受他们，并认为他们有能力，他们关心的是成就、名声、地位和晋升机会。

自我实现需求：自我实现需求的目标是自我实现。欲达到自我实现境界的人，主要表现在工作学习和生活的追求。

从这五个方面的要求当中我们得到一个启示：任何人的任何行为都包含着一定的目的性，而我们只要善于满足人们的这些目的，就能轻而易举地和对方打成一片。可遗憾的是，很多人在人际交往的时候不仅没有做到这一点，而且还因为自己的需要而剥夺了别人获得的机会。举个很简单的例子，两个人同时需要一个项目，一个人是为了挣钱养家糊口，而另外一个人则是为了所谓的虚荣心，如果后者因此而剥夺了前者的机会，前者肯定不会对后者有什么好的印象，交际就更加不用说了。

由此可见，如果不懂得“马斯洛效应”将会给自己的交际带来两方面的问题：

（1）打消别人的交际积极性，甚至开罪于别人。

（2）让别人心怀不满，对自己耿耿于怀。

日本金牌保险推销大师原一平曾有这样一段推销经历：他去访问一位出租车司机，那位司机认为原一平绝对没机会向他推销人寿保险。当时，这位司机肯会见原一平，是因为原一平家里有一台放映机，它可以放彩色有声影片，而这是那位司机没有见过的。

但是原一平并没有一见面就给对方放彩色有声电影，而是仔仔细细地听对方说了半个小时的话，从出租车司机的谈话中，原一平发现了对方的一个心理：很想为家人带来一些什么，这个出租车司机是一个家庭责任感很强的人。

知道这一点之后，原一平放了一部介绍人寿保险的影片，并在结尾处提了一个结束性的问题："它将为你及你的家人带来些什么？"放完影片，司机都静悄悄地坐在原地。三分钟后，他经过主动问原一平："现在还能参加这种保险吗？"

最后，他签了一份高额的人寿保险契约。

原一平为什么能够轻易地成功，让这个出租车司机主动屈服并且签订一份高额的人寿保险契约？原一平所使用的招数就是"马斯洛效应"，即通过一部介绍人寿保险的影片让对方知道，人寿保险能满足自己的某些需求。其实在我们的日常生活中，同样可以利用"马斯洛效应"来达成自己的目的。那么如何去做呢？

1. 了解对方到底需要什么。

既然你要满足对方的需要，首先就应该明白对方到底需要什么，这是满足对方心理的第一个步骤。当然，要想做到这一点，可以从对方的言行举止中获得。比如原一平之所以能通过一部影片"搞定"出租车司机，很关键的一点，他明白出租车司机想要的是什么：想给家人带来一个稳定的生活，他是一个家庭责任感很强的人。那么原一平是如何知道这一点的呢？从言谈之间获得这个信息的。

2. 尽最大能力满足对方。

人在满足之后都会产生一种快感，特别是在过度满足之后，这种快感更加强烈。所谓过度满足是指超过自己期望的满足。举个很简单的例子，你只希望别人给你10块钱就能得到满足，但是对方却给了你100块钱，那么毫无疑问，你就是一种过度满足状态。很多聪明人士在交往的时候，使用的就是这种方法，让对方佩服得五体投地。

3. 心理满足很重要。

虽然“马斯洛效应”的需要层次里面有五个方面的内容，但是无论是哪一个方面的需要，都逃不出一种满足需要：心理满足。特别是越高层次的需要，更逃不出心理的因素。因此，在满足别人的时候，不仅仅要满足基本的需要，更要满足心理的需要。只有别人心里面觉得舒服了，他才能真正和你交友。

第六章

每天学点心理学，更易打动人心

俗语云：“会说话的，说得人笑，不会说话的，说得人跳。”同样的事情，同样的内容，为什么一个人会挨打，另一个人却受到嘉奖呢？因为挨打的人不会说话，受奖的人会说话而已。

为别人着想就是为自己着想

我们每个人都有这样的体验：当你站在镜子跟前，你笑，镜中人亦对你笑；你皱着眉头，镜中人也冲你皱眉。不管你是否意识到，在人际交往中，同样存在着这种“镜子效应”。心理学规律表明，人们之间的言行总是以善报善，以恶报恶的。在与他人交往时，我们时常发觉，我们加之于对方身上的言行，又被对方转嫁至你的头上了，这情形就同你站在镜子跟前一样。

英国学者贝尔天赋极高，有人说他毕业后若研究晶体和生物化学，定会赢得多次诺贝尔奖。但他却心甘情愿地走另一条道路，把一个个开拓性的课题提出来，指引别人登上了科学高峰，此举被称为“贝尔效应”。

贝尔效应要求我们在人际交往的时候要善于将别人推向前台，给别人一个表现自己、发挥自己优势的机会。因为在任何一个人的心目中，都有一个“表现自己”的心理需求，只是很多人在很多场合没有表现出来而已，而要想改变自己的人际关系，就必须留意到别人的这种内心需求，并且设法满足别人。很多人之所以在交际场合不受欢迎，就是因为他们喜欢“抢出风头”“太爱表现自己”“不尊重别人”。当然，这些人也会因为自己不懂得将别人推到前台、满足别人心理需求的举动而遭受挫折：

（1）被人认为没有教养，从而失去人心。

（2）不懂得谦让，从而得罪别人。

在和别人交往的时候，只有懂得别人的需求并且满足别人的需求才能为他人所赏识，别人才会乐意和你交往，自己的人际关系才会得到改善。所以说，善于就爱那个别人推到前台就是“贝尔效应”给我们最好的启示。

在某销售公司，销售人员康乐是一个非常张扬的女孩。凭着她的活力和青春，她很快成为公司“无人不知，无人不晓”的人物。此外，她的工作能力也不错。于是，她很快就被提升为销售助理，协助销售经理宁静做一些日常工作。

宁静是一个近30岁的女人，性格比较内向，城府比较深。她能够当上销售经理，完全是她脚踏实地苦干的结果。为了提高工作效率，她故意将青春外向的康乐提升为自己的助理。

有一次，康乐的张扬让宁静感到了“威胁”，使宁静不再愿意给康乐出差机会。而康乐也因这一次张扬而失宠，最后不得不离开公司，另谋他就。

一天，康乐陪宁静一起出差，到外地去见一个客户。能够和经理一起外出见客户，是每一个销售新人求之不得的事情。于是，康乐就穿得特别引人注目。但出人意料的是，宁静那天却穿得很朴实。

在下车时，由于对方接应的是新人，不认识宁静，便首先伸手与康乐握手。康乐第一次受人如此重视，头脑一热，忘记了经理宁静就在自己身边，便也很热情地与对方握手。结果，握手半天后，康乐才记起了向对方介绍站在旁边、脸上颇有不悦的经理宁静。一时间，气氛变得非常尴尬。但是，宁静却表现得像什么都没有发生的，还是很镇定地与对方谈成了这一笔生意。

回到公司后，宁静也没有提这件事，只是以后在分配工作时，总不安排康乐出差接触客户，让她变成了“纯粹的内勤”。面对这种状况，康乐觉得自己在公司待下去没什么意思，最终只有主动辞职。

曾经活泼、能干的康乐为什么最终会落得一个主动辞职的下场？很关键的一点：她太爱表现自己，甚至抢了别人的风头，自然别人也就不喜欢她。这就是我们应该从“贝尔效应”上面学习到的一点：无论是为人处事，不要太爱表现自己，低调一点才是上上策。那么该如何才能做到这一点呢？

1. 善于察言观色，不做让别人难堪的事情。

任何人，最不喜欢遇到的就是让自己难堪的事情。同样，任何人也不会喜欢让自己难堪的人。如果我们不想做这样的人，就应该善于察言观色，明白对方到底喜欢什么、不喜欢什么，对自己所要做的事情进行一些甄别，这样才能不做让别人难堪的事情。

案例中的康乐正是因为缺乏这一点，做了让上司宁静难堪的事情，最终才落得这样一个下场。很显然，从这一点上来看，她是一个失败者。

2. 善于琢磨对方的想法，不要夺人之爱。

你的想法并不一定能代表别人的想法，特别是在自己所喜欢做的事情面前，每个人的“口味”都不一样，而我们所要做的就是琢磨对方的想法，满足对方的需求，千万不要做一些夺人所爱的事情，否则，对方会恨你一辈子。

案例中的康乐并没有很好地了解上司宁静的想法，在别人面前抢了她的微风，自然而然不会得到重用。

3. 多询问别人的想法，不要一人独大。

很多人之所以表现得不低调，很突出的一个表现就是：一人独大。无论是做事情还是表达自己的想法，从来不知道询问以下别人的意见，有什么就说什么，完全不在乎别人的看法和想法。自然而然，这种人不会被别人所看好。

4. 虚心接受别人的意见，不做顽固之人。

高调之人还有一个非常不好的特点：过度自信乃至顽固。特别是在别人向他们提供意见和建议的时候，他们要么充耳不闻，要么当成耳边风，无论别人怎么说，他还是我行我素。在他们心目中，唯有自己的才是最好的，而别人的只是废话。

别人需要的才是最好的

古人云：富在深山有远亲，穷在闹市无人问。人生在世，没有一帆风顺的，总会有许许多多的艰难与困苦。当你遇到断崖险阻时，你需要的是帮忙你架桥搭梯，雪中送炭的人。在这时帮忙你的人，才是你真正的朋友。

当你排除万难，穿过险峰，越过险阻时，那些给你送来花环，拿着美酒佳肴前来祝贺的人，你要当心，他们只是锦上添花的人，他们给你的友谊并非真诚可靠。

食盐效应源于一个寓言故事：一头驴，平常都吃着主人给它拿的青草，时间长了也就慢慢地变得不喜欢吃了，那次无意中，主人在它的草料中加了一把盐，草料立刻就变得有滋有味了，于是驴就问主人在里面加的是什么，主人说是盐。于是驴就宣布，从此以后，不吃草料了，每天要光吃盐！自然而然，第二天，这头驴就皱着眉头找草吃了。社会心理学讲将这种不可缺少，但是也不能过多的现象称之为“食盐效应”。

在很多时候，我们总是单纯地以为只要帮助了别人，别人就会感激自己。那么实际上是不是如此呢？并不简单。除了“帮倒忙”之外，帮助人的效果还可分为两种：锦上添花、雪中送炭。那么这两种效果到底哪一种要好一点呢？很显然，是雪中送炭，而不是锦上添花。

为什么会这样呢？

因为锦上添花只不过是我们自己去做的，对于对方来说，你的这种观念行为存在与否对结果来说，并没有多大的区别。就像菜里放盐一样，只不过是多少的问题，而不是有没有的问题。而雪中送炭则是对方希望我们去做的，甚至是强烈要求我们去做的，自然而然，我们做了，就能满足对方的某种需求。

这就告诉我们一个道理：别人需要的才是最好的。不要想着自己能主动给予别人什么，而应该想着如何在别人需要的时候自己能满足对方什么。这就像做菜的食盐，你需要的时候它就是好东西，如果你不需要或者太多了，那它就不会是好东西。

年轻人心地很好，很善良，并且经常主动帮助别人。按理说这种人应该受到大家的欢迎才是，可遗憾的是，年轻人的生活正是因为自己帮助别人而出现了一系列的问题。

记得有一次，年轻人的一个同事因为家中父亲生病，急需要借一笔钱回家，识趣的同事纷纷解囊救济，而唯独年轻人却希望凭借自己的关系帮助同事联系医院、医生，甚至还几次三番地要拉着同事去和医生聊聊。

后来，这位同事无奈地告诉年轻人："我现在缺少的不是医生，而是救命的钱，再说你在这个城市给我联系好了医生，而我的父亲则在老家，又有什么用？难不成我把医生带回去？"后来，这件事成了人们的笑柄。

诸如此类的事情很多很多，因为他是在真心帮助别人，别人也不好说什么，只是有事情都躲他远远的，不希望他知道，

无奈的年轻人来找禅师，希望能找到问题的本质。

禅师在听完年轻人的话之后，并没有说什么。只是问他你想喝点什么，年轻人没有思索就说给我喝点茶吧。

可是禅师只是给了他一个空茶杯，说你喝吧，

年轻人很奇怪：我要喝茶，你给我一个空茶杯做什么，这不是我想要的东西啊？

禅师听了哈哈大笑说：“你也知道这不是你想要的东西，那么你在帮助别人的时候是不是也曾想过这个问题呢？你给别人的是不是就是别人所想要的呢？”

听了禅师的话，年轻人顿时明白了：我给予别人的，并不是别人所想要从我身上得到的。只有我给予了别人所需要的，别人才会感激我，我也才能真正帮助到别人。

事实正如禅师所说的那样：我们要帮助别人，就应该思考一个问题：对方需要什么？我身上有什么是被对方所需要的。正如对方需要的是茶，而你给对方的则是一个茶杯，那么自然不能满足别人的需求，只有你给予了对方茶，才是真正的满足。说到底，这就是“食盐效应”要告诉我们的道理。那么问题又来了了：每个人的身上可能都会有某些东西是被他人所需要的，那么如何将这一面展现出来，就需要掌握一些表现自己的技巧了。

1. 在小事上表现自己。

人往往都有从一点一滴的小事上评价一个人的习惯，若是你不将小事放在眼里，认为自己的能力根本不屑于发挥在小事上，那么一旦别人遇到比较棘手的问题时，第一时间是绝对不会想到你的，因为你对小事的满不在乎让人望而却步了。

2. 在谈话中表现自己。

谈话可以体现出一个人的修养和学识，若是你的言谈举止能够做到有条不紊、幽默诙谐的话，那么一定会给他人留下良好的印象，有了这样的好印

象，当他人需要某方面帮助的时候，就自然不会找那些言语莽撞、说话没有条理的人了。

3. 在关键时刻表现自己。

关键就是考验，而大多数人却总会犯下在关键时刻掉链子的错误。要记住，在某些重要的场合下，你一定要比平时表现得更出色，比如面对一场激烈的学术辩论会时，知识渊博的你更要发挥出平日积累的学识和言语上的特长，那你就很容易脱颖而出，成为被他人所需要的对象了。

4. 在了解对方的情况下表现自己。

想要被他人所需要，那么所做的事情就要投其所好，当你了解了对方的喜好、特长、交往、习惯的时候，就更加容易让对方接受你，你便能够成为他人眼中善解人意且富有魅力的人了。

5. 在对方看不到的情况下表现自己。

或许你所做的事情对方当时是无法看到的，此时也别忘记表现自己。比如在工作中，尽管顶头上司没有坐在办公室里，你也要一如既往甚至比往常更卖力地工作，这种表现一定会通过其他途径让上司得知的，当你的上司需要有一个踏实肯干的副手时，那么第一个想到的就会是你了。

6. 在突发性事件上表现自己。

面对某些突发性事件，很多人可能会怕冒风险怕担责任而不愿意理会，而你若是能在这样的时刻表现出自己化险为夷的能力，就一定会受到他人的肯定，成为被需要的对象了。

仆人眼里无英雄

法国前总统戴高乐曾经说过："仆人眼里无英雄。"这也说明了人在和他人的交往过程中应该留有一定的余地——相应的心理距离，否则伟大也会变得平凡。戴高乐是一个非常会运用心理距离效应的人，他的座右铭是：保持一定的距离！这句话深刻地影响了他与自己的顾问、智囊以及参谋们的关系。在戴高乐担任总统的10多年岁月中，他的秘书处、办公厅与私人参谋部等顾问及智囊机构中任何人的工作年限都不超过两年。他总是这样对刚上任的办公厅主任说："我只能用你两年。就像人们无法把参谋部的工作当做自己的职业一样，你也不能把办公厅主任当做自己的职业。"这就是他的规定。

在北风呼啸的冬日里，有两只困倦的刺猬想要相拥取暖休息。距离太近，它们身上的刺就会刺伤对方；距离太远，它们又会感到寒冷。几经反复的折腾，两只刺猬终于通过自己的努力找到了一个合适的距离，既能互相获得对方的温度而又不至于被扎伤，于是舒服地睡了。保持一定的距离，既能感受到彼此的温度，又不至于伤害对方，这就是刺猬法则。

很显然，这种保持适当距离的现象不仅是动物之间相互依偎取暖的学问，而且也是一种人际学问，这就是人际交往中的"心理距离效应"。人与人之间的交往，也像刺猬一样存在着一个安全距离，没有突破这个距离，我们就会感觉到安全舒适，而一旦突破了这个安全距离，我们就会感到焦躁不快，时间久了就会出现人际交往问题。

那么在人际交往中，有哪些事情是属于“心理距离效应”之内的呢？比如薪水、年龄、病历史等等。还有一些只是关乎于你个人的，实在没有必要透露给他人知道的事情。当然，关于别人的这类事情你最好也不要去了解，否则就会出现以下两种问题：

（1）想要知道得太多，让别人厌烦你。

（2）说了不该说的话，无意中伤害别人。

依依在大学期间攻读的是广告专业，她是个很有想法和创意的人，作品经常会受到老师和同学们的称赞。而且她的作风十分保守，从来不炫耀自己的能力，也不会因此而低看别人，因此她的人缘非常好。

临近毕业的时候，她通过朋友的帮助，来到当地一家颇有名气的广告公司实习。刚刚走出大学校门的依依一如学生时期的作风，默默无闻，努力工作，来了不到一个月就赢得了良好的口碑。

实习的试用期是三个月。在这三个月期间，若是她表现良好，就能够获聘为正式员工。在这样一个大公司里能够谋得一份职业，对于一个刚刚毕业的大学生来说是非常有前途的，因此，依依更加积极努力地去完成工作，小心翼翼地与同事们相处，希望能够在这里为了自己的理想而奋斗。

她的勤奋肯干，使得她在几次策划创意中都受到了老板的好评，这着实让她心里很高兴。她不但获得了事业上的一个起步，而且还与一位年长她五岁的广告部主管成为了好朋友。当依依在工作中遇到某些困难的时候，这位主管总是友好地帮助她，关心她，于是依依将她当成了无话不谈的知己好友。

三个月的时间很快就过去了，如果她被聘用为正式员工的话，那么第一点要解决清楚的就是薪酬问题了。因为广告行业是属于靠创意吃饭的工作，酬劳通常是依据表现而定，对于依依来说，她没有过这样的谈判经验，于是她找到了广告部主管，想让对方给自己出些主意。

主管说："若是老板想要留下你，你一定要先弄清楚自己的价值，他一定会问你要求年薪多少，到时候你尽管说出来你的想法，不要害怕。"

"那么您说我要求多少合适呢？"

"在我看来，你的价值不应该低于年薪10万。你值这个价码。"

"好的，我知道，谢谢您，主管。"

由于依依在试用期的良好表现，她被正式录用了。当她走出老板办公室的时简直可以用欣喜若狂来形容，她迫不及待地跑到主管身旁对她说："我真的很高兴，老板决定正式录用我了！你知道我是多么希望能够留下来的！"

"太好了！真为你高兴，你们谈的薪水是多少？"

"你绝对不会相信的，老板承诺给我15万的年薪，比我的预期还要多啊！这也是令人兴奋的事情！"

依依只顾着自己沉浸在喜悦之中，并没有注意到主管的脸上已经没有了笑容。

主管心中自己在念叨："15万，都跟我的薪水差不多了，我应经来了两年了才有这样的待遇！"

第二天老板找到依依，对她说："抱歉，你不能来公司上班了，我们只是个小公司，一开始就是大家合资办的。虽然你得跟大家相处很和睦，但是你却将我们私下谈好的薪水告诉了别人。现在他们都要造反了，没有人愿意再与你共事，实在很遗憾。"

依依没有想到会是这样的结果，但这却是个事实，她失业了。

案例中依依所遇到的事情很多人都曾经碰到过：过于相信一个人，心里话说得太多，不仅没有拉近彼此之间的关系，反而伤害了对方。特别是在涉及到对方利益的时候，这种情况就更加明显。那么我们在日常交际当中，该如何避免犯这样的错误呢？

1. 懂得哪些话该说哪些话不该说。

很多人在交往的时候都陷入了一个误区：只要两人的关系好，那就什么话都能说。事实并不是如此，话说得太多、太密并不会让彼此之间的关系变得更好，甚至还会对两人之间的关系产生影响。案例中的依依为什么最终会被她的主管所排斥？话说得太多了。试想，如果她不这么做的话，不仅能获得一份好的工作，而且还能和主管之间保持密切的关系。

2. 适时刻意疏远对方。

我们都知道“距离产生美”这句话，那么如何才能保持两者之间的距离呢？很实用的一个方法就是在适当的时候刻意地去疏远对方，而不也是对方走到哪里，你就跟到哪里。这种“随从思想”一旦深入骨髓，那么你和对方就很难再拉开距离了。

试想，如果依依能在关键的时刻离她的主管稍微远一点，那么这样的事情还会发生吗？

3. 不要他云亦云，从心理上拉开距离。

要想和对方拉开距离，还有一个很好的方法：从心理上契入。即拉开彼此之间的心理距离。很多时候，两个比较要好的人之间总是会想方设法地统一说法，比如A和B是好朋友，那么当A说这件事情应该这么做的时候，B也会附和A的想法。从表面上看，这是一种“志同道合”的表现，殊不知，这种表现会误了两人之间的友情，毕竟很多时候B的附和并不是那么的心甘情愿。

4. 保持适当的独立性。

我们都说两个人“亲密无间”，其实这并不是最好的办法，现代社会心理学家认为，两个人要想长期保持良好的关系，就必须做到一点：亲密有间。即保持个人的独立性。这种独立性既是生理上的独立性，也是心理上的独立性。

5. 时刻表示你尊重对方。

时刻表示尊重对方其实就是一种可以和对方保持距离的另一种方法。因为在很多人之间，好朋友都是相互平等的，可以随便开玩笑、打打闹闹的，一旦你尊重对方，少了这些随意之后，两人之间的关系立刻就会发生微妙的变化。

永远以欣赏与感恩的心态对待他人

与人相处，没有技巧，只有胸怀。一个内心中真正充满爱的人，他必将生活在爱的海洋中。欣赏他人，从而被人欣赏；感激别人，却总是被人感激。关键是，他总给别人的生活带来和谐与幸福，因而他的生活也始终和谐而幸福。

在日常生活中我们常有这样的体验：亲朋好友帮助我们，我们不觉得奇怪，因为“他是我的亲戚”“他是我的朋友”，理所当然他们会帮助我们；但是如果一个陌生人向我们伸出援手，我们却会认为“这个人乐于助人”。

同样，在家庭生活中，妻子和丈夫常常无视对方为自己所做的一切，因为“这是责任”“这是义务”，而不是因为“爱”和“关心”；一旦外人对自己做出类似行为，则会认为这是“关心”，是“爱的表示”。

为什么会有这么大的区别呢？这就是由于社会心理学上所说的“过度理由效应”。每个人都力图使自己和别人的行为看起来合理，因而总是为行为寻找原因，一旦找到足够的原因，人们就很少再继续找下去，而且，在寻找原因时，总是先找那些显而易见的外在原因，因此，如果外部原因足以对行为做出解释时，人们一般就不再去寻找内部的原因了。

因为“过渡理由效应”的存在，我们的生活很容易出现以下不好的影响：

1. 引发感情不和的诱因。

很多人错误地将亲人、爱人和朋友给予我们的亲情、爱情和友情看成是“理所当然”，对人际交往的温情渐渐生出麻木和愚钝，这其实也是造成夫妻、朋友间感情不和的一个诱因。

2. 不具备感恩的心态，不能向他人展示自己良好品格。

一男士平日忙生意根本照顾不了家，妻子毫无怨言承担家务。渐渐地，和所有老套的故事一样，男子越来越有钱了，心也开始慢慢地变了。以至于经常夜不归宿，将妻子抛在家里不管不顾。

虽然妻子已经知道男子已经变心，但是她并没有像其他女人一样，大哭大闹，而是做好自己的一切应该做的事情：侍奉公婆、教育孩子、收拾家务……人们都纷纷劝他妻子，干脆离婚得了，他在外面花天酒地，你还在帮他照顾爹妈、孩子，这样的生活怎么能继续下去。听了亲朋好友的相劝，她只是淡淡一笑，说：“我相信他会回心转意的。”

朋友听罢，知道她的心难以改变，于是就不再言语，等着事情的进一步发展。

果然不久之后，事情开始转变了。男子在一次喝酒的时候突然倒地，后来医院查出男子得了恶性肿瘤，并且是晚期，理论上活不过两个月。

躺在病床上的男子开始反思自己的所作所为，突然间他觉得自己这一辈子，最对不起的人就是自己的妻子。于是他想利用自己人生的最后一段时间来陪陪妻子。

刚开始的一段时间，他每天都疼得睡不着觉，于是他强忍着疼痛和晕倒的危险，早上起来做好早饭，然后去喊自己的妻子起来吃，看着丈夫的改变和即将走到尽头的生命，常常一家人的早餐时间都是在眼泪中度过的。

在最后的这段时间里，丈夫尽着自己最后的努力在感恩着妻子，尽一切能力让妻子感受到家的温暖。慢慢地，他妻子对他的依赖也越来越大，而男子所做的事情也越来越多。可是让所有人没有想到的是，两个月时间过去了，男子并没有死去，反而脸色越来越红润，最终到医院一查：肿瘤已经得到遏止，原因不明。

其实只有他自己明白：是感恩的心态让他逃过了一劫。从此以后，他彻底放下了生意，靠着自己的积蓄，一心一意地留在家里陪伴自己的妻子，他说他要感谢他妻子一辈子。

正如案例中的男子一样，很多时候我们一直都在索取别人的恩惠，却不知道对别人心怀感恩，总是觉得别人这么做是应该的。很显然，这样做的后果就是让身边的人一个个离开自己，落得一个孤寡人的下场。这样的结果，无论对交际还是对工作生活，都是非常不利的。那么我们该如何做才不会出现这种情况呢？主要有以下几点：

1. 牢记别人对你的付出。

既然别人对你有所付出，要想感恩，首先要做的一点就是牢记别人对你的付出。试想如果别人为你做了什么事情，你都不知道，又谈何感恩呢？案例中的男子，虽然在外面花天酒地，但是他知道他的妻子为这个家庭付出了很多，他表面上虽然没事，但是心里却非常清楚。以至于他最后生病的时候能以相同的方式来回报，表达自己的感恩之情。

2. 适当地为对方付出

感恩不能只是一句话，必须有适当地行动。这些行动既是对对方的一种回报，也是一种感恩心态的表示。当然，这种行动不能盲目，而应该在适当的时候表示为好，特别是在对方需要你帮助的时候，你如果能雪中送炭，那么就更好了。

3. 感恩的时候要表现自然

感恩、感谢别人最怕的就是刻意为之，这样会让对方有一种“交易”的感觉，硬邦邦的来往，没有多少人情味可言。因此，在向对方表达这种情意的时候，一定要记住一点：自然、随意。比如案例中的男子，通过为妻子孩子做早餐等杂事表现出来，显得自然、温馨。

4. 感恩的心态最重要

当然，学会对他人感恩，还有非常重要的一点：具备感恩的心态。只有具备了这种心态之后，才会想着做一些感恩的行动。

运用“增减效应”，让交往更“入心”

戴尔·卡耐基指出：“当我们听到别人对我们的某些长处表示赞赏之后，再听到他的批评，心里往往会好受的多。”因为当我们听到别人赞赏的时候，会产生一种积极、愉快的情绪体验，在此心理状态下，再听到别人的批评或规劝，就比较容易接受。这就想一枚苦味的药丸，外面裹上糖衣，使人先感到甜味，容易一口吞下去，药物进入胃肠，才会发生效用，治愈“疾病”。

人们最喜欢那些对自己的喜欢显得不断增加的人，最不喜欢那些对自己的喜欢显得不断减少的人，心理学家们将人际交往中的这种现象称为“增减效应”。

其实在任何人的心里面，对于自己有利的、想要得到的东西，总是得到的越多越好。比如我们和一个朋友见面，对方对我们越来越尊敬，吃饭的场所一次比一次高级，对于我们来说，心里就会越来越舒服。那么从某种程度上来说，这是一种自私心理的表现，其实出现这样的心理现象，还有“增减效应”的功劳。

因此，在人际交往的时候，切记一点：不要对别人越来越冷淡，至少你不能让别人觉得你不再看得起对方，否则就可能出现一系列的影响：

（1）让别人误会，破坏两者之间的关系。

（2）对方以“其人之道还治其人之身”。

“多一点”商铺是一个名副其实的商铺，每个在这里购买商品的顾客都会感觉到自己多得到了那么一点点。那么事实是不是这样呢？当然不是，商铺的老板并不会自愿用亏本的代价来迎合自己的顾客，因为追求利润是每个店铺营销者共同的目标。

可是既然事实并没有“多一点”，那么顾客为什么会感觉到自己得了一个大便宜呢？很多朋友也觉得非常奇怪，就去问“多一点”商铺的于老板：“为什么顾客都喜欢到你的店铺来购买商品，为什么他们都觉得在你这里购买商品要得到多一点呢，难道真的是你给的特别多吗？”

于老板摇摇头笑着说：“不是这样的，我并没有多给他们，多一点只是顾客的感觉而已。其实很简单，在别的商铺购买商品时，很多店铺营销员在称售商品时，起初拿的时候拿多了，然后再一点点往下减，这样顾客心理就不会好受，因为他们看着自己的东西一点点地被拿下去了。可是我却不一样，刚开始拿得比较少，然后再一点点往上加，对于顾客来说，看着自己一点点地往上增加，心理自然高兴了，自然他们也就喜欢我了。”

原来如此，朋友们恍然大悟，细细想来确实如此。看着商品一点点往上加的感觉确实要比一点点往下减的感觉要好。也正是因为掌握了这个销售秘诀，与老板的店铺虽然规模不大，但是常年客流不断，真正实现了小店铺，赚大钱的愿望。

“多一点”商铺为什么生意要比其他店铺好一点呢？原因并不在于它真的能给顾客多一点，而只是它使用“一点点往上加”的方式让顾客觉得自己得到了多一点的实惠，从内心里得到了满足，自然而然喜欢到这家店铺购物。这就是人们的心理，只要你给得多一点，超过他们的心理预期，哪怕只是多一点点，他们都会觉得舒服。那么在日常交际的时候，该如何才能做到这一点呢？

1. 第一次不要做得太满。

很多人和陌生人交朋友，总喜欢在第一次的时候表现出非常好客、极度欢迎，甚至到了无以复加的地步。对于陌生人来说，刚开始的时候心情自然是好的，可是随着交往的深入，你的欢迎、招待已经在第一次的时候到了无以复加的地步，那么对方难免会有“受冷落”的感觉，从而改变对你的看法，使得彼此之间的交际陷入危机当中。

第一次不要做得太满就如同店铺给顾客称东西一样，第一次不要拿得太多，只有这样，你才能一次一次地往上加，满足顾客“多得”的心理。

2. 让对方知道你在加。

从少到多是一个过程，在这个过程当中，如果让对方知道你在增加投入是一个很重要、也是很现实的问题。试想，你对对方的投入在增加，但是对方去浑然不知，那么无论你投入多少，对方都不会知道。换句话说，只有对方认可了你的增加的投入，你才是真正地增加了。

同样以店铺为例，如果顾客没有看到店铺经营者一把一把地网上加，那么店铺经营者无论加多少，对于顾客来说都是没有用的。相反，只要让顾客看到，即便仅仅抓一把，顾客的内心也会得到满足。

3. 适时表达你加倍的情意。

很多聪明的交际者不仅懂得“增减效应”，而且还善于利用“增减效应”适时地表达自己加倍的情意。比如一个人对朋友说：“上次照顾不周，随便吃了点，今天咱们到高档一点的酒店好好喝一杯……”如果你是那位朋友，你会怎么想？想必肯定觉得这个人真是好客。这就是交际时适时表达自己加倍情意的好处，毕竟如果你自己不说，别人并不一定觉得，那么你的情意岂不是白费了？

学会尊重与理解别人

每一个人都有不同的个性。秉性志趣迥异的个体之间能否相处融洽，就取决于能否相互理解与相互尊重。这就要求我们要学会换位思考，要求我们拥有一颗宽容的心。理解是和睦相处的一剂良方，温情只有在相互理解时才能萌芽。多为对方想想，奉上一颗真诚的心，才能收获同等的、甚至更多的来自他人的尊重、理解与关怀。

举个很简单的例子：学校里如果教师非常专制，经常强迫学生去做一些事情，那么学生肯定会阳奉阴违，表面上服从，暗地里却反抗。相反，如果实行民主管理，教师对每个学生一视同仁，同学之间相亲相爱、互相帮助，则能够使人心情舒畅、情绪稳定，造成一种团结向上的人文环境，学生更加听从教师的教导，而不会想着和教师作对。这就是“软化效应”的影响。

其实在我们的日常交际当中，也受到这种效应的影响：如果别人在有意无意中控制你的思想，让你随着他们的想法做某事的时候，你会毫不犹豫地反其道而行之。但是如果对方换一种方法，以“商量”的口吻来说这件事情，希望你能去做某事，你不仅会痛快地应承下来，甚至还会主动作出一些让步。

前者就是一种“硬化”的处事方法，而后者就是一种“软化”的处事效果。从这两者之间就能看出“软化”处事方法的效果：能让自己在“和谐”“轻松”的氛围中轻松地达到目的。

由此可见，“软化”和“硬化”虽然只是一字之差，但效果却有天壤之别。为什么会出现这样大的差别呢？因为每个人都希望获得别人的尊重和理解，一旦没有得到这方面的满足，就会产生反抗的心理。这也是很多人在交际时得不到别人青睐的原因之一。

总的来说，如果对“软化效应”没有足够的了解，就会给自己的交际产生以下两种不好的影响：

（1）态度显得太强硬，不利于交往。

（2）会给别人的心理造成一种压抑，并且使得别人拒绝和你交往。

小陈是一个喜欢交朋友的人，有事没事总是愿意陪朋友喝喝酒、吃吃饭、聊聊天。按理说，小陈身边应该朋友成群才对，可遗憾的是，小陈身边并没有多少朋友，甚至他连一个知心的朋友都没有。

为什么会出现这种情况呢？这让小陈觉得很奇怪。难道自己做得还不够好？可是小陈也发现，自己越是和那些朋友走得进，那些人就越是离自己远，似乎两者之间总是有一股相斥的力量，将他和对方之间隔得远远的。无奈的小陈决定亲口问问这些人到底是怎么回事。

于是，在一次喝酒吃饭之后，小陈将自己心中的疑问提了出来。

听到他的疑问，他的朋友都问他：“你是狮子座的吗？”

“是的，怎么啦，和星座有什么关系吗？”小陈一脸不解地问。

“怪不得你的领导欲望那么强！”朋友半开玩笑地说。

“领导欲望？我……”说到一半，小陈就怔住了。此刻他明白了原因所在：自己总是有意无意地指使自己的朋友做这做那。举个很简单的例子，酒桌之上，小陈虽然年龄最小，但是却经常说诸如“老张，来，给老王把酒满上”“老王，来给老张把烟点上”之类的话。这是这种近乎颐指气使的话语，让朋友们都觉得很不爽，于是最终只有离开他了。

了解了事情真相的小陈痛下决心，开始改变自己，不再说一些让别人感到难堪的话，不再做一些让别人感到难受的事情。很显然，他的人际关系开始改变，身边的朋友越来越多。

正如案例中的小陈一样，如果我们不懂得“软化效应”的影响，在人际交往的时候就会给别人造成一种压抑的感觉，并且在潜移默化当中把别人当成自己的佣人。因为你想通过指使别人做某事来达到控制对方想法的目的。可是我们知道，人天生就是一种不喜欢被控制的动物，特别是他们的思想，更是难以控制。所以，一旦你这么去做了，内在的冲突也就在所难免了。

那么在交际场合，我们该如何说、如何做呢？

1. 善于关心的口吻说话。

人最难突破的是心理防线，人最容易崩溃的也是心理防线，关键就要看我们怎么去说，怎么去做了。从人们的心理上来说，心理防线只对“自己人”开放，那么如何在短时间里能让对方认定我们就是自己人呢？最好的办法莫过于主动去关心对方，用关心的口吻和对方说话。

2. 用和缓的语气赢得好感。

说话语气的好坏，将会直接影响到交际的效果。试想，如果你以尖锐的语气和对方说话，势必会引起对方心理上的不满，甚至还会引起不必要的冲突。再试想一样，如果你是以和缓的语气和对方交流，对方即便情绪不好，也不会对你产生排斥心理。

3. 询问对方的想法。

要想在交际的时候不让人觉得你是在控制他的思想，有一个办法不妨用一下：适时询问对方的想法。在交际的时候询问别人想法不仅仅是一种礼貌，而且也是一种从内心靠近对方的做法。

4. 不要试图指责他人。

指责别人，无论你是否有理由，它都是一种“霸道”的做法。很显然，你的“霸道”会吓着对方，而且也会让对方感觉你是在试图控制别人。举个很简单的例子：同样一件事情，不同的做法有很多，但是如果对方一定要你按照他的做法去做，否则就会指责你。那么你会怎么想，你是不是会觉得对方是在控制你呢？

5. 多为别人服务，而不是指使别人为自己服务。

正如案例中的小陈一样，总是有意无意在指使别人为第三者服务，这同样是一种控制别人的做法。暂且不说小陈在其中是一个年纪最小的人，根本就不应该指使别人。即便小陈的年纪最大，也应该主动为别人服务。只有这样才能体现出自己的风度和修养，让你的朋友感受到你身上的魅力，并且主动接近你。

你可以打倒一个人，但是却打不败一个人

尊重别人，这是人与人之间的相处之道。无论何时，设身处地地替他人想想，考虑一下对方的感受，不特立独行，不以自我为中心，就是对他人的尊重。在每一堂课上，尊重老师的劳动；在父母的每一句叮嘱前，尊重他们对你的付出；甚至对待一个陌生人，也要显示出你的尊重与良好的修养。

自然界有这样一种现象：当一株植物单独生长时，显得矮小、单调，而与众多同类植物一起生长时，则根深叶茂，生机盎然。人们把植物界中这种相互影响、相互促进的现象，称之为“共生效应”。事实上，我们人类群体中也存在“共生效应”。英国“卡迪文实验室”从1901年至1982年先后出现了25位诺贝尔获奖者，便是“共生效应”一个杰出的典型。

那么“共生效应”反映在我们的日常生活当中又是什么呢？即不服输的心理。正如有句话说得好：你尽可以打倒一个人，但是你不可能打败一个人。为什么？因为在这些人的心里面，他并没有服输，从心理上来说，他并没有真正被打倒，只要有机会，他还是会东山再起的。

基于这种心理，在日常生活当中，我们有了竞争，并且是无穷无尽的竞争。同行业的竞争、同事之间的竞争、朋友之间的竞争、人与人之间的攀比……你方唱罢我登台，这种不服输的心理贯彻始终。

因此，无论是在交际之中，还是在生活中，你都不能忘记人们的这一种心理，否则，就会给自己的交际带来一些麻烦：

（1）容易刺伤别人的自尊心，陷友情于无法挽救的地步。

（2）自高自大，不把别人放在眼里，最后搬起石头砸自己的脚。

老万原本只是一个公司的普通职员，收入不算太多，勉强能够养家糊口。可是最近不知从哪里发了一笔小财，于是买车的愿望也就实现了。在选车那天，老万的同学、同事、朋友带了一大堆，在大家的众说纷纭之下，总算是选定了车型。

接下来就是带着朋友们出去兜风了，一时间，大家争相往老万的家里挤。而好客的老万也总是能满足大家的要求。可是随着时间的推移，老万发现，不仅来兜风的人越来越少了，而且连他身边的几个要好朋友也有很长时间没有来捧自己的场了，即使老万打电话去邀请他们，他们也总是寻找理由来推托。

“难道我们在哪里得罪他们了？不对啊，要得罪也不能全得罪啊，更何况自己总是有求必应？”老万一个人在苦苦寻找着原因。

不久之后，他就发现了一个问题：身边的朋友一个一个都买了车，并且一个比一个的好。

“这些人平时都不怎么富裕，怎么现在都买上车了呢？还买这么名贵？”老万觉得有点不可思议。有一天，他随口问一个朋友：“你不是都说没钱吗？怎么现在买车还买这么高档的？”

没想到朋友阴阳怪气地回答说：“你能发财，我们也可以贷款啊，谁让我们没有你这么好的运气呢？”一句话“呛”得老万不知道说什么好。

后来经过别人的分析，老万终于明白了问题的原因所在：自己的气焰太高压过了别人。那么别人也就只能“群起而抗之”，因为他们即便再穷，也不可能会认输，即便是从银行贷款，也要买车，否则面子上就挂不住了。

原来如此，老万深深地呼了一口气，可是现在明白了又能怎么办呢?

案例中的老万可是够“冤”的，尽量满足朋友的要求却在不知不觉中成了朋友们心目中打倒的对象。其实老万这也是“罪有应得”，因为他忘记了一个事实：人都是有自尊心理的，你太招摇了，就会在无意中刺伤别人的自尊心，逼迫别人来超越你，将你嚣张的气焰给压下去。

那么在日常的交际过程中，我们该如何做才不会出现这种情况呢?

1. 凡事不要出风头。

都说“出头的椽子先烂”，其实为人处事、人际交往也是如此。如果你喜欢出风头，那么就常受到别人莫名其妙地打击。对你来说，这些打击可能有些“冤枉”，但是对于别人来说，你是“罪有应得”。就如案例中的老王一样，好心好意地带着朋友们出去兜风，朋友们不但不领情，甚至还以超越他为目标。从表面上看，老万确实冤，其实不然，因为他的风头出得太大了。

2. 不要有事没事和别人比。

在我们身边，总是有那么几个人非常喜欢和别人比一下，甚至他们的口头禅就是：“怎么样，比一下？”对于这些人来说，“比一下”可能仅仅是一种乐趣而已，但是对于其他人来说，却没有那么简单。因为“比一下”就意味着有输有赢，而一旦有了输赢，就会有面子上的损失，就会有心理上的弱势和强势。所以，不要轻易和别人去“比”，即便是比，也不要分出输赢。

3. 让别人赢一次又何妨?

赢，是每个人都喜欢的事情，但这并不意味着任何时候我们都可以去赢。因为你赢了，就意味着别人输了，就会给别人的自尊心造成一定的伤害。自然而然，对方也就不会喜欢和你交际。因此，在一些不必要的场合，偶尔输一下又能如何呢?

4. 善于维护别人的自尊心。

似乎每个人都很难过“自卑心”这个坎，特别是处在现在这样一个现实的社会里，自尊心意味着一切。如果你经常在有意无意之间伤害别人的自尊心，那么就意味着你已经向对方“宣战”，想要让对方服输。那么告诉你，这你无论如何都是做不到的，因为每个人都有一股不服输的劲头。

避免人云亦云

人云亦云，或者说在思想上随波逐流，是因为个体的思想缺乏独立性。在面对问题、现象时，简单、草率做出结论。因此，个人的思想看似独立的：譬如小心求证，或者参照别人观点引领，结论都是你自己的。换个角度来看，个人的思想又不是完全独立的。因为我们的直接经验是有限的，在思考过程中，不可避免地要借鉴、参考别人的经验和观点。

乐队花车直接翻译自英文的bandwagon，也就是在花车大游行中搭载乐队的花车。参加者只要跳上了这台乐队花车，就能够轻松地享受游行中的音乐，又不用走路，也因此，英文中的“jumping on the bandwagon”（跳上乐队花车）就代表了“进入主流”。

人类经常会有一种倾向，去从事或相信其他多数人从事或相信的东西，就是所谓的“乐队花车效应”。为了不让自己在社会中孤立，所以社会个体常常不经思考就选择与大多数人相同的选择，这就是乐队花车谬误。

从乐队花车效应衍生出乐队花车谬误，又常称为“诉诸大众的谬误”或“从众谬误”，也就是将许多人或所有人所相信的事情视为真实，例如“大家都这么说，一定不会错”！但许多事实证明，多数或所有人相信的事情，在当下或经过时间的验证，并不一定是对的事情。

这正如我们经常看到的一个现象：走在大街上，如果有一个人突然抬头看着天空，那一下子就会有很多人抬头看着天空，其中很多人都不知道自己为什么要这么做，只是看到别人抬头看着天空，自己也就抬头看着天空。

荣华最近很郁闷，他总觉得自己被别人骗了。原因很简单：有一次，他听办公室的很多同事说某某商场的衣服很好看，而且很便宜，可是他亲自去看了一下却发现这些衣服并不好看，更不便宜。荣华第一次感觉自己被骗了。

还有一次，他听说有一个人非常适合做朋友，他既善于帮助人，又善于了解人的心意。看着大家争先恐后地与那个人结交，荣华想办法和对方见了一面。可是见了面荣华并没有觉得对方有多么的好，只是一个普通的人而已，荣华感觉又别骗了。

最近一次荣华感觉被骗是在一次宴会上，大家都争先恐后地说某一道点心特别好吃，可是等荣华自己吃了之后，才发现，这种点心根本就比不上一块普通的饼干来得好吃。

虽然每次都感觉被骗，但是荣华却不知道为什么那么多人都说好的东西，为什么偏偏自己要说不好呢？难道自己和其他人之间真的有很大的差别？

越想越不对劲、越不对劲就越没有自信心。最后荣华请教了一个心理医生才最终找到了答案：荣华的从众心理比较严重。只要看到别人都去做某件事情，他也就会跟着去做，根本不知道自己是不是需要或者有必要。

很显然，从众心理让荣华不知所以然地“被骗”。其实与其说别人骗了荣华，不如说荣华自己被自己的从众心理给骗了。

就如案例中的荣华一样，几乎每个人都有不同程度的从众心理，只要是大家都认为是好的，那么不管是真的好还是假的好，我们都会产生和大家一样的想法。其实我们都知道，很多时候，这种“大众”的想法是错误的，真理掌握在少数人手中。自然而然，一旦遇到这种情况，就会给自己带来一系列的麻烦。

那么在人际交往的时候，该如何做才不会发生这样的情况呢？

1. 多看多想，多总结自己的想法。

虽然我们主张在交流的时候要善于倾听，但是这并不意味着我们只要听就可以了。因为我们在倾听的过程当中，别人的思维会在无意中进入到我们的脑子，“篡改”我们原有的思维，从而控制我们的想法。那么我们该如何抵抗这种“篡改”呢？最好的办法就是多看多想，多总结，只要你具备了自己的想法，就不会对别人的话不加甄别地吸收。

2. 尽量避免人云亦云的情况。

人云亦云是从众心理的一个外在表现。这些人在很多地方都是“跟屁虫”，只要别人说什么，他们也就说什么，别人做什么，他也跟着做什么。很显然，这些人没有属于自我的思维，也不具备自我的行动方式。如果长此以往，将会出现“为别人而活着”的可悲情况。所以，在任何时候，都应该记住一句话：不要人云亦云。

3. 不要盲目跟随别人，要有自己的主张。

其实盲目地跟随别人就是一种盲从心理，也是从众心理的一种表现。很显然，喜欢盲从的人很少有属于自己的主张，他们总是喜欢对别人言听计从，从来不懂得自己去思考问题，遇到问题没有自己的主见。那么如何改变这种情况呢？很简单，给自己的盲从心里刹车，尽量依靠自己的想法、主张去解决问题，而不是事事都去问别人。

4. 扩大自己的视野，学会自己去判断。

从众心理的产生，其中很大一部分原因是因为自己视野不够宽阔，对很多事情既不懂也没有见过，自然很难判断准确，于是就按照大家的做法去做，毕竟很多人都会想："大家都是这么去做的，错了也是大家的错"。由此可见，要想拥有自己的判断，就必须扩大自己的视野，多给自己长点见识。

第七章

每天学点心理学，说话以“攻心为上”

我们经常说，话要说得好，不仅要说到点子上去，而且还要说到人的心里面去。要想做到这一点，有一个要求必须要满足：把握好对方的听话心理。对方想听什么、想怎么听，那么我们就说什么、怎么说。这种投其所好的方法能让我们的交际变得更加简单、快捷、有效。

说得多，并不代表说得好

说话是一门艺术，自古很多成功人士，不仅仅是明智的管理者，同时还拥有着惊人的口才。所谓言多必失，不无道理。每个人在自己的位置上一定要积极做事，而说话却要小心，讲究分寸。少一些指责、不满、抱怨，多一些鼓励、赞美，会使你在做事中减少很多阻力。

美国著名幽默作家马克·吐温有一次在教堂听牧师演讲。最初，他觉得牧师讲得很好，使人感动，准备捐款。过了10分钟，牧师还没有讲完，他有些不耐烦了，决定只捐一些零钱。又过了10分钟，牧师还没有讲完，于是他决定，1分钱也不捐。到牧师终于结束了冗长的演讲，开始募捐时，马克·吐温由于气愤，不仅未捐钱，还从盘子里偷了2元钱。这种刺激过多、过强和作用时间过久而引起心理极不耐烦或反抗的心理现象，称之为“超限效应”。

其实在我们的身上，其实也发生过类似的事情：比如一个人滔滔不绝地和你讲同样一件事情，你不但不会觉得这件事情很重要，反而会产生一种“故意犯错”的想法。很多人可能会觉得产生这种想法“很可笑”，其实这正是对方刺激过度给我们的心理造成的“逆反”影响。

“超限效应”让我们明白：如果说话没有做到简洁，就会给自己的交际带来一些不好的影响：

（1）说话没有重点。

（2）过度重复等于没有重复。

记住：语言贵精不贵多，只有口才最差的人才会整天喋喋不休。与人交谈，最好的沟通就是抓住关键点。把主要意思说到位即可，喋喋不休只会让人觉得烦。

小王追他心目中的女孩子小敏已经有三年的时间了，在这三年时间里，小王为了达到自己的目的，什么方法都用过：给小敏送花、带小敏去看电影、当街求婚、从小敏身边人下手旁敲侧击……几乎每一次发起的爱情攻击，都会以小敏的一句怒吼“烦死了，别再来找我”而结束。

看着小王伤心欲绝的样子，大家都在安慰他，劝他要想得开，把眼光放远，“天涯何处无芳草，何必单恋一枝花”。可是固执的小王却没有听从朋友们的劝告，还是一门心思地追求他心目中的女神——小敏。

短短的一个月又过去了，这次小王受到了更大的伤害：小敏跟刚刚认识了一个星期的男同事好上了。这个消息如同晴天霹雳，让小王不知所措。更让小王不明白的是，为什么自己追了三年都还没有到手，而别人只用了不到一个星期就轻而易举地成功了，难道这真是命？

再一次见面的时候，小王向小敏问起了这个问题。小敏看了看小王，一本正经地说道：“你说话太啰嗦了，像个女人，甚至女人都不会像你这样，一句话说上个一百遍还不觉得厌烦，我可不希望和这样的人过一辈子，那样我会被烦死的！”

原来如此，小王终于明白了自己身上最大的缺点：啰嗦、喋喋不休、婆婆妈妈……

正如案例中的小敏一样，几乎所有的人都不会喜欢和絮絮叨叨的人在一起生活、工作。因为这样的人只会让别人感到厌烦，除此没有别的什么好处。当然，我们也不希望自己成为像小王那样让人厌烦、讨厌的人。那么我们该如何做呢？

1. 说话挑重点，不说无关痛痒的话。

任何一件事情，都有重点和非重点的部门。很多人在阐述一件事情的时候，总是不分轻重缓急，从开始一直到结束。如果遇到别人有不理解的部分，他们又会从头到尾再说一遍。很显然，这就给人一种喋喋不休的感觉。因此，我们在说话的时候一定要挑重点，那些无关痛痒的话最好不要出口。

2. 尽量不要重复。

同样的一件事情，最好只说一遍，否则就会给别人一种重复的感觉。就如案例中的小王一样，一件事情说上一百遍，并不会让别人觉得你说的事情很重要，只会让人觉得你很烦人。

3. 多做少说，好过少做多说。

其实要想摆脱“喋喋不休”的困扰，有一个很好的办法：闭嘴。特别是在人际交往的时候，对方看重的并不是你怎么去说，而是你怎么去做。因此，我们不妨少说一些，多做一些。特别是一些大话，如果说多了，反而会让别人产生怀疑。

4. 不要在同一件事情上炫耀。

在我们身边，总是有很多人喜欢炫耀自己的某个优势或者长处，刚开始的时候我们可能会被对方所吸引，但是如果对方一再地重复炫耀，我们只会厌烦对方，而不会去欣赏对方。那么试想，如果那个炫耀的人是你，别人会怎么去看待你、怎么和你相处呢？势必只有一种方法：离你远远的。

让对方自己说服自己

沉默可以调节说话和听讲的节奏。沉默在谈话中的作用就相当于零在数学中的作用。尽管是“零”，却很关键。没有沉默，一切交流都无法进行。

所谓睡眠效应是指随着时间的推移，自己对某个人或者事会产生和原先不一样的想法。比如，一开始对这个人有很好的印象，可是慢慢地你会发现，这个人不过如此。同样的道理，刚开始你可能会对某件事情持有不好的印象，可是随着时间的推移，你会在突然有一天发现，其实这件事情也还不错。心理学称这种现象为睡眠效应。

其实在我们的日常生活中，对于“睡眠效应”的应用并不少：比如谈判陷入僵局即将破裂时，提出“先吃午饭，等吃完后再做决定吧”，让双方有一段冷静思考的时间。等重开谈判时，进展会异常顺利。谈判到达高潮时或刚刚进行劝说后，给予对方一段思考的时间，会收到良好的效果。因为劝说者与劝说内容的暂时分离会增加信息的可信度，使对方作出冷静的判断。

其实，之所以会产生这样的效果，关键就在于人们通常会在这段时间里去了解别人所说的话、去反思别人的话，然后尝试着自己去说服自己。以谈判为例，在休息或者吃饭的一段时间里，谈判的一方可能会将对方的话细细地琢磨，或许自己的本意是想找出对自己有利的一面，可是总是会在无形之中会说服自己去接受对方的要求。这也正是很多时候，谈判要“谈谈停停”的原因之所在了。

美国著名的总统林肯就很会利用沉默带给对方的力量，并依靠这种力量在他和道格拉斯著名的辩论中，一举扭转败势，成为成功运用默语的经典。

林肯和道格拉斯当年为了争取一个进参议院的名额，进行了多次的辩论，在这个著名的辩论接近尾声之际，似乎所有的迹象都显示出林肯辩论已经失败，可是林肯却始终没有放弃过拼搏，似乎他还有很多杀手锏没有用出来一样。在他最后一次的演说中刚讲到一半的时候他突然就停顿下来，默默站了一分钟，两眼深情地望着他面前那些半是朋友半是旁观者的群众面孔。

然后，以他那独特的单调声音说道：“朋友们，不管是道格拉斯法官或我自己被选入美国参议院，那是无关紧要的，一点关系也没有；但是，我们今天向你们提出的这个重大的问题才是最重要的，远胜于任何个人的利益和任何人的政治前途。朋友们——”

说到这儿，林肯又停了下来，开始了足足10秒中的沉默，听众们改变了一往的态度，开始屏息以待，唯恐漏掉了一个字。“即使道格拉斯法官和我自己的那根可怜、脆弱、无用的舌头已经安息在坟墓中时，这个问题仍将继续存在……”

最终林肯在辩论中，巧妙运用默语，一举扭转败势，为他顺利进入参议院奠定了坚实的基础。

林肯巧妙地利用了人们的这种心理，打败了自己的竞争对手——道格拉斯。而他用来打败对手的竟然是10秒钟的沉默。很多人觉得不可思议，其实换个角度想想：在这10秒钟之内，听众都在想些什么，他们会有什么样的心理反映呢？很显然，在这10秒之中听众所想的，都是有利于林肯的，而不是有利于道格拉斯的。

那么我们在日常交际的时候，该如何做才能达到这种效果呢？

1. 不要强迫别人顺从自己的意思。

很多人在说话的时候，总是希望通过“强迫”的方式让别人顺从自己的意思。比如通过反问的形式、通过一次又一次重复的形式……很显然，这些人这样子做不仅不能达到自己的目的，还会让比人产生一种方案，继而全盘产生全盘否定的想法。从某种意义上来说，出现这样的情况是因为急功近利，其实是不懂得人们的心理所致。

2. 让别人自己去想，不要尝试去说服。

遇到任何一件事情，每个人都会尝试着自己去思考并且得出自己的结论。可是很多人却在别人还没有思考、得出结论的时候就去说服别人，这样做并不能真正达到目的，因为这只会刺激人们更快、更全面的思考。比如你希望对方在短时间里答应你某件事情，如果你不去说服对方的话，对方说不定就会答应。但是如果你真正这么去做了，对方可能会想的更加仔细一点：答应你了会有什么好处，你这样做的目的在哪里等等。

3. 引导别人自己去发现。

自己发现的总是正确的，人总是相信自己的眼睛，而不是别人的嘴巴。因此，我们可以引导对方，让他自己去发现这个现实，而不是我们说服对方去接受这个现实，这样效果可能会更加明显。

4. 在适当的时候选择沉默。

沉默是一种无声的武器，只要你运用的得当，就能很好地给对方一个心理压力，也正是这个心理压力，往往能很快地说服对方，但是这个沉默并不是什么时候都可以用的，而是要选对时机，甚至可以说只能在适当的时候保持适当的沉默才是一个最好的选择。比如在提出自己的看法、意见和建议之后。

不要想着和别人对着干

“对着干”是人们逆反心理的一种体现。反心理对个人来说，有一定的好处：它能够张扬个性，突破成规，有利于改变和创新，在一定程度上能够说明当事人有勇气和信心，敢于挑战权威的精神和态度。如果能够得到合理的激发，则有一个人潜力的发挥。但是如果逆反心理运用不当，则会使人形成一种狭隘的心理定式和偏激的行为习惯，处处与人对着干，使自己变得固执、偏激，无法客观地、准确地认识事物的本来面目，无论何时何地总是下意识地与常理背道而驰，做出错误的选择和决定。

所谓波纹效应是指在交际的过程当中，如果你对对方施加压力，实行惩罚，采取讽刺、挖苦等做法时，会引起双方对立，出现抗拒现象，有时候对方会故意捣乱，出现一波未平，一波又起的情形，这时你的影响力往往下降或消失不见。

其实这种现象在我们身边并不少见，比如在学习的集体中，教师对学生施加压力，实行惩罚，采取讽刺、挖苦等损害人格的做法时，会引起学生的对抗，出现师生对立的现象。当然，这种对抗并不是说一次就结束的，而是会随着时间的推移越来越大，越来越频繁，好比波纹一样，一波未平一波又起。那么很显然，老师在学生心目中的影响力会下降甚至消失不见。

这种现象告诉了我们这样一个道理：人际交往的时候，不要想着和别人对着干，如果你这么去做了，那么这种对立情绪将一直存在，任凭你怎么消弭都无济于事。

二战时，范·拉塞尔在美国好莱坞经营一家影业公司。拉塞尔手下有一名技术专家名叫皮特·里弗斯，此人的脾气非常暴躁，无论是谁只要一不小心说错了话，便会被他训斥一番，连老板拉塞尔也不例外，甚至在其他员工面前，也是如此，一点面子都不给拉塞尔。

这让拉塞尔感觉很难堪，好几次拉塞尔都想拍案而起，让这个臭脾气的家伙滚蛋，有多远就滚多远。可是，每一次拉塞尔都忍住了，因为他知道，如果他今天和拉塞尔产生了对立局面，那么所有的员工都会站在自己的对立面，以后的工作也就无法进行下去了。毕竟他也曾经当过公司的职员，他知道一旦一个员工和老板产生了对立情绪，那么所有的员工都会站到这个员工的后面，组成坚强的后盾，尽管这个员工平时并不招人喜欢。

情况果然不出所料，就在拉塞尔极力忍耐的时候，皮特·里弗斯和他的主管发生了冲突，那些平时并不喜欢皮特·里弗斯的职员现在立刻就站到了他的后面，一起和主管作对，并且这种对立情绪一波接着一波，没完没了，使得正常工作都很难开展。无奈之下，拉塞尔将这个主管调离原工作岗位，这才算平息了这场矛盾。

那么该如何解决这个问题呢？虽然拉塞尔会忍耐，但是这种忍耐也是有限度的，万一哪一天忍不住，后果就不堪设想了。拉塞尔极力寻找着问题的解决方案。

有一天，还是为了一件工作上的事，里弗斯同技术小组的一名助手吵了起来，最后他甚至大动肝火，拍着桌子骂起来，拉塞尔前去劝阻也没有用。正在局面闹得一发不可收拾之际，里弗斯的小女儿忽然跟着母亲来到了实验室，女儿见到父亲暴怒的可怕模样，吓得当场大哭起来。里弗斯见状，急忙跑过去哄女儿开心，刚才的怒火也转眼间烟消云散了。

拉塞尔看到这一情景，突然心头一亮：原来里弗斯的“软肋”是他的宝贝女儿呀，对谁都不服的罗弗斯只有面对女儿时才千依百顺。

于是，拉塞尔打算从里弗斯的女儿身上做文章，设法使罗弗斯尽量改变脾气，和同事们搞好关系，从而为公司作出更大贡献。为了使里弗斯的精神生活过得充实，拉塞尔在离公司不远的地方给里弗斯租了一套房子，目的是让他和妻子、女儿能够生活在一起。罗弗斯对于公司的好意，心里感到十分过意不去，始终不肯接受。

拉塞尔笑着说：“搬不搬家，这回恐怕由不得你了，先去看看房子吧。”“你这是什么意思？”里弗斯嘟囔起来，“难不成你还要强迫我非住不可？”“不是我强迫你，是你的千金罗丝，她已经替你做主了。”

罗弗斯走进屋子，看到女儿已经把东西搬进来，正冲他微笑，于是就没有再说什么。拉塞尔趁机语重心长地对里弗斯说：“皮特，作为你的朋友，我可要劝劝你了，你的脾气应该为了罗丝改改了。我知道你自己每次发完脾气后都很愧疚，但是每次与别人发火之前，你都把对方想象成你的女儿，那样气不就自然消了吗？”里弗斯沉思了半天，对拉塞尔说：“你说得对，我真的应该改改脾气了！”

于是，里弗斯顺从了拉塞尔的安排，搬进了新居，他非常感激拉塞尔的关照，从此很少在公司里发脾气，专心带领自己的科研小组，为公司陆续开发出了一批新产品，创造了巨大的效益。

事实证明，拉塞尔不和皮特·里弗斯产生对立情绪的做法是正确的，因为一旦产生这种对立情绪，拉塞尔就会步皮特·里弗斯主管的后尘，那么公司也就无法正常运营下去了。其实这和人际交往是一个道理，如果你总想着和别人对着干，那么这种观念对立情绪就会进一步恶化，交情也就加快消失过程。

那么在人际交往的时候，如果做才不会给人产生“对着干”的感觉呢？

1. 不要一人独大，善于征询别人的意见。

很多人之所以会给人产生一种“对着干”的感觉，问题并不在于他们真的这么做了，而是他们在处理问题的时候，总是喜欢一人独大，在没有征询别人意见的情况下擅自做主。很显然，这会招致别人的反感，产生对立情绪。

举个很简单的例子，你和你的同事同做一个项目，在遇到问题的时候，对方根本就没有通知你，也没有征询你的意见就擅自作出决定，那么你会怎么想，你又会怎么做呢？

2. 不要过分坚持自己的意见，多听听别人的想法。

在人际交往中，我们必须要有自己的意见和看法，但是这并不意味着我们可以过分坚持自己的意见。试想，如果大家都像我们这样去做，那么对立就在所难免了，公说公有理，婆说婆有理，到底听谁的呢？结果不得而知。

3. 遇到问题，多和别人商量着来。

要想不让别人产生“对着干”的情绪，首先要做到的一点就是尊重对方、平等地对待对方。那么如何才能做到这一点呢？很简单：遇到问题和别人商量着来。

4. 不要乱发脾气，态度和善。

正如案例中的皮特·里弗斯一样，总是喜欢乱发脾气，那么度量再大的人也会因为忍受不了而和他产生对立。其实在现实生活中，很多人都是属于皮特·里弗斯一类人，能力不错，脾气也臭，让人难以接近。其实我们只要改变一点点，自己的世界就会变一个模样。

好话说太多也会让人烦

日常生活中，如果你能把握分寸，说话有度，交往有节，办事伸缩得当，人们就会通情达理地接受你的要求，尊重你的体面，满足你的愿望。如果你不懂分寸，说话冒失，举止失体，不识深浅，不知厚薄，那么你的人缘不但是一筹莫展，处世也可能处处留下败笔。所以，掌握于分寸之间是为人处世的普遍规则，是获得好人缘的关键。

边际效应，有时也称为边际贡献，是指消费者在逐次增加1个单位消费品的时候，带来的单位效用是逐渐递减的（虽然带来的总效用仍然是增加的）。举一个通俗的例子，当你肚子很饿的时候，有人给你拿来一笼包子，那你一定感觉吃第一个包子的感觉是最好的，吃得越多，单个包子给你带来的满足感就越小，直到你吃撑了，那其他的包子已经起不到任何效用了。

边际效应在为人处事的时候也会产生作用：如果见面的时候，你能称赞一下对方、说一些对方的好话，那么很快就能改善两者之间的关系。但是无论是称赞之话，还是好话都不能泛滥、过多，否则就会给别人产生一种虚伪的感觉，甚至会让人觉得厌烦。

好话就好比是人们喜欢吃的甜食，少吃或者偶尔吃一下，会觉得很舒服，但是如果你一直吃、不停地吃，不但不会觉得舒服，还会有腻的感觉。由此可见，在人际交往场合说话聊天的时候应该注意：说好话，适可而止，不可过多、过滥，否则不但达不到效果，而且还会产生反作用。

乔治是美国加利福尼亚州鼎鼎有名的大亨，资产超过10亿美元。某年他与商业伙伴戴维从加州飞到日本某大城市，准备在那里投资建厂。因此他需要寻找合作伙伴，经过多方努力，三天后，乔治终于坐到了谈判桌前，他谈判的对象是日本某一大型企业的领导三郎先生。三郎先生之所以能坐到谈判桌前，就是因为他的精明能干和通晓市场行情的本领，令乔治颇为欣赏。

刚开始谈判的时候，三郎先生根据自己获取的对方的资料，对乔治的一些企业表示了赞赏，并且对乔治的经营能力表示了认同。虽然这只是礼节性的好话，但是乔治听了心里还是乐滋滋的。为了表示自己的友好，乔治也根据自己获取的情报，将三郎所在的企业也称赞了一番，并且表示自己愿意和这样优秀的企业合作。谈判在一片友好的气氛中开始。

可是令乔治没有想到的是，在接下来的谈判中，这种礼节性的称赞没完没了，一波接着一波，让乔治大为头疼，但是三郎却似乎沉浸在其中，安然自得。

就在谈判即将结束的时候，乔治决定改变主意，不和三郎企业合作，理由很简单：说太多好话的人多半都是虚伪之人，他们不会专心去做实事，如果和这样的人合作做生意，很难保证能盈利。

最后乔治来到中国，和中国的一家大型企业签订了合同，合作投资建厂。

日本的三郎为什么会谈判失败？很简单：好话说得太多，让乔治产生了反感，并且由此产生了怀疑，最终失去了这笔生意。从中可以看出边际效应对我们交际产生的影响是巨大的。人际交往中，说好话并没有错，但是凡事都不能过度，好话一旦过度也就失去了效果，甚至还产生反作用。正如三郎一样，好话说得太多，不但没能谈判成功，而且还丢了生意。

那么在人际交往的过程当中，我们该如何做呢？

1. 赞美不可过于夸张

人们在赞美别人时，爱使用夸张的手法。故意将对方的优点与成就夸大，以获取对方的好感。在赞美他人时适当地夸张一点能够有利于表达自己的肯定成分，对方也会乐于接受。但不切实际的赞美对方，过分地夸张对方的超人之处，就有阿谀奉承、溜须拍马之嫌。对于这样夸张的赞美，对方会很反感。赞美本来有恭敬之意，这这样一来就有冒犯的味道了。赞美要出自内心、真心实意。言不由衷或言过其实，对方都会怀疑赞美者的意图。

比如在文艺晚会上，一位朋友兴致激昂，即兴题诗一首。你就可以适当赞美一下："哎呀，真没想到我们这里还藏着一位诗人啊。"对方听后一定很高兴。你若夸大其词的说："哦，您的诗真是压倒李白，胜过杜甫啊，就连苏东坡也要逊色几分，真是前无古人，后无来者，盖世无双啊！"对方一定很不舒服，在座的朋友也会处于尴尬状态。不知你是假意赞美还是存心讽刺。很可能整个场面气氛会被你打破。

赞美是可以的，如果过度的夸张，赞美也就变了味。过分地夸张往往使赞美脱离实际情况，让人感觉缺乏真诚的东西。真诚的赞美应该是朴素的，有所保留的。越是了解，赞美对方就越不应该过分夸张和矫揉造作，有涵养的人都喜欢自然朴实的赞美。对于一般知识分子，你夸他智力超群，才华出众对方会很生气。对长相一般的女性，你夸她美貌过人，她也会认为你在讽刺她。

2. 赞美不要讨好奉承

做人要“日行一善”，其实日行一善并不难，赞美别人也是一善。但赞美不同于阿谀，阿谀是一种虚伪的奉承，所谓“好阿谀则是非之心起”，所以做人宁容谏诤之友，勿交阿谀之人，被人批评不可怕，受人阿谀才可畏。有的人赞美不当，成了逢迎拍马、阿谀奉承，也会受人轻视，因此做人不要阿谀谄媚，还要避免赞美不当而不自觉地陷入阿谀的陷阱。

赞美和阿谀最大的区别在于出发点的不同。赞美一般是符合客观实际情况的，而阿谀往往是夸大其词。在日常交际中，要多一些真心诚意的赞美，少一些阿谀，这样最终会给你带来好名声。

3. 说好话时态度要真诚

在向对方说好话时，态度一定要真诚。虽然人人都喜欢别人对自己说的好话，但并非所有的好话都能达到效果。你只有以真诚的态度来面对才能获得好的效果。否则，虚情假意的说了一大堆，对方未必能接受。有句话说得好：不真诚的好话还不如没有好话。

4. 说好话的内容要真实具体

在向对方说好话的时候，要有真实具体的内容。以事实说话，以凭据来赞美对方，没有人不愿接受的。内容说的越真实、具体，对方越能得到优越感和自信心。比如说出对方的业绩与成就，这是最有力的方式。有理有据，谁也不可否认的事实，被赞美者会对你的赞美方式暗自佩服的。

5. 把握好说好话的时机。

好话确实是好，但是并不意味着好话什么时候都能说，我们只有把握好时机，适当地以此来点缀一下，那么效果就会很好。比如对方在说起自己成绩的时候、制订新的计划时、有一个新的开始时等等，适当地说一些好话给对方，对方一定会乐开怀的。

吾日三省吾身

曾子曰："吾日三省吾身———为人谋而不忠乎？与朋友交而不信乎？传不习乎？" 王元化老先生在中国知识界，最出名的，就是他的那三次反思。反思自己的所作所为，所坚持的学术观点，否定自己所做出的成绩，看起来容易，但是一个人若是如此深刻的剖析自己，反省自己，自我批评，古今以来，少之又少，尤其是到了老年还能对自己的所有一切重新思考并且批判的，更属难能可贵。

第一次刺激能缓解第二次的小刺激即"贝勃规律"。实验表明，人们对报纸售价涨了50元或汽车票由200元涨到250元会十分敏感，但如果房价涨了100甚至200万元，人们都不会觉得涨幅很大。人们一开始受到的刺激越强，对以后的刺激也就越迟钝。

"贝勃定律"其实揭示的是人的感官与心理的一种适应规律。外界的刺激是客观存在的，没有发生改变。变化的是我们的感觉敏感度以及感受能力，正是我们自身的这种变化规律，却给世间的很多事情带来了意想不到的结果。

比如我们刚到一个地方的时候，会发现这个地方的风景很漂亮，而开始等我们在那里住习惯之后会发现这里的风景其实一点都不漂亮，很平常而已。之所以产生这样的感觉是因为我们几乎每天都在接受美丽风景的刺激，久而久之也就麻木了。同样的道理，在人际交往时，刚开始别人对我们的一点点小恩小惠，我们都会牢记心里并产生感激之情，但是时间一旦长久，我们不仅不会感激这种小恩小惠，甚至还会埋怨对方做得不够好。其主要原因还是因为我们对这些小恩小惠麻木了。

总的来说，如果不了解“贝勃规律”，将会给我们的生活交际带来一些不良的影响：

（1）失去感恩心理，对别人的恩惠熟视无睹。

（2）产生感觉惰性，对外界的刺激麻木。

一个女孩和母亲吵架赌气离家。在外逛了一天，直到肚子很饿了，她才来到一个面摊，却发现忘记带钱了。好心的面摊老板免费煮了一碗面给她。

女孩感激地说：“我们又不认识，你就对我这么好！可是我妈妈，竟然对我那么绝情……”面摊老板说：“我才煮一碗面给你吃，你就这么感激我，你妈帮你煮了十几年饭，你不是更应感激吗？”

女孩一听，整个人愣住了！是呀，妈妈辛苦地养育我，我非但没有感激，反而为了小小的事，就和她大吵一架。

最终女孩鼓起勇气，往家的方向走，快到家门时，她看到疲惫、焦急的母亲正在四处张望。妈妈看到女孩时，忙喊：“饭都已经做好，快回去吃，菜都凉了！”此时女孩的眼泪夺眶而出……

正如案例中的女孩子一样，面对陌生人的一碗面条，我们可能感恩戴德，但是面对母亲几十年的养育之情，我们不但不感激，反而因为一些小事情而伤害她，这就是“贝勃效应”典型的一种表现。很显然，在人际交往中，一旦受到这种效应的影响，会给我们带来很多麻烦。那么我们该如何做才能避免出现这种情况呢？

1. 不要太自以为是，善于反思。

一旦我们的感觉出现惰性，就会产生自以为是的心理，面对任何事情，我们总是看重、相信自己的想法，对于别人的意见或者建议充耳不闻。很显然，这样做是不行的，我们只有经常反思才能真正明白哪些是对的，哪些是错的。

2. 心怀感恩，不要把别人的赐予当作理所当然。

面对别人对于我们的恩惠，我们要如何做才不会理所当然地接受呢？最主要的一点就是要具备感恩的心态，时刻感激别人的赠予和帮助。当然，只要你懂得这样去做，别人就会加倍地帮助你，赠予你，这就等于你身处一个良性的循环，不断感恩，不断接受帮助。

3. 学会珍惜别人的情意，不要浪费别人的感情。

我们之所以要珍惜别人的情意有两点原因：第一，别人的情意并不是取之不尽用之不竭的；第二，我们只有懂得珍惜别人的情意，才能感受到这份情谊。就如同我们要懂得珍惜时间，才能懂得时间的重要性一样。一旦我们浪费了别人的感情，对于别人来说也是一个巨大的伤害。

4. 适当的时候要懂得回报，不做感情上的“铁公鸡”。

如果只有获取没有回报，那么总有一天你会忽略掉自己曾经获取的感情。正如案例中的小姑娘一样，面对母亲每天感情的赠予，并不懂的去回报，而是心安理得地接受，那么时间一长，她也就忘记了这份情谊，不懂得感激，也不懂得回报，成了感情上的“铁公鸡”。

一步步打破别人的心理防线

中国人一直很讲究一个“度”，常说的过犹不及就是这个意思，多了少了都不好。所以说万事须讲“度”，率性而为不可取，急于求成事不成，心慌难择路，欲速则不达，过分之事，虽有利而不为，分内之事，虽无利而为之，是为“度”。

得寸进尺效应源自美国社会心理学家弗里得曼做的一个有趣的实验：他让助手去访问一些家庭主妇，请求被访问者答应将一个小招牌挂在窗户上，她们答应了。过了半个月，实验者再次登门，要求将一个大招牌放在庭院内，这个牌子不仅大，而且很不美观。同时，实验者也向以前没有放过小招牌的家庭主妇提出同样的要求。结果前者有55%的人同意，而后者只有不到17%的人同意，前者比后者高3倍。后来人们把这种心理现象叫作“得寸进尺效应”。

其实在我们的人际交往当中，我们也常常使用这种效应。比如我们刚开始向对方提出一个较小的要求，得到满足之后，再提出一个更大的要求，多半情况下，这个更大的要求也能得到满足。因为先前较小的一个要求已经为后来较大的要求作了铺垫，对方已经有心理准备了。这说明了一个什么问题呢？我们不能指望一次性就能突破别人的心理防线，但是我们可以通过循序渐进、步步为营的方式来达到自己的目的。否则就很可能出现以下两种不好的影响：

（1）引起别人的反感和反抗，给交际带来麻烦。

（2）功利性太强，让别人心生戒备。

美国某街道上有两个乞丐同时出来乞讨，但是结果却大不相同。其中一个乞丐不仅能讨到很多好吃的，而且很多时候还能睡在别人家的地毯上或者车库里。而另外一个乞丐却经常饥一顿饱一顿的，更不用说有地方睡觉了。

那么同样是乞讨，为什么两个人的遭遇是如此的不同呢？前一个乞丐是不是有什么秘诀呢？其实秘诀很简单：从小要求开始。

举个例子：前一个乞丐走到一户人家门口。

"美丽的女主人，行行好，能给我点剩菜剩饭，甚至面包屑都行，我已经三天没有吃饭了。"乞丐表现得极尽可怜。

"可怜的人，你等一下吧，我给你拿点干净的饭菜。"一般女主人都会这么说。

"谢谢你的恩典，请问我能进去喝点自来水吗？这些面包确实有点干！"乞丐再提出一个要求。

"自来水不卫生，进来我给你倒点茶水或者饮料吧！"女主人随即让开了门。

"哇，您家的壁炉可真暖和，地毯也很漂亮，唉，现在外面的天气真是冷啊，很高兴你们这么幸福，祝福你们！"乞丐看到客厅的地毯和壁炉说。

"哦，谢谢你的祝福，你如果不嫌弃的话，你今晚可以睡在这里，顺便帮我壁炉里加点煤炭！"女主人高兴地说。

"哦，太感谢你了，愿万能的上帝加倍的降福与你及你的家人。"乞丐高兴地说。

很显然，乞丐的目的达到了。

那么另一个乞丐又是怎么做的呢？他走到一户人家门口，直接对女主人说："美丽的女主人，能不能让我睡在你家地板上，再给我点饭菜和果汁呢？外面真的太冷了，你行行好好吗？……"

"滚，这么脏还想睡到我的地板上……还想要果汁……"一般在乞丐还没有说完的时候，主人的态度就变得很粗暴。很显然，乞丐失败的几率很高。

同样的起点，不同的方式最终导致不同的结果！

乞丐不同的行乞方式最终达到的结果是不同的，前一个乞丐之所以能达到"睡地板、喝果汁"的目的，关键就在于他懂得了"得寸进尺效应"对人产生的影响。只有先让对方满足自己的较小的要求，才能继而满足自己较大的要求。只有先让女主人满足自己"面包屑"的愿望，才能最终达到"地毯和壁炉"的愿望。很显然，第二个乞丐一开始就提出"地毯和壁炉"的愿望是很难实现的。

那么在实际的交际过程当中，我们该如何操作呢？

1. 通过小要求突破对方的第一防线。

如果你一开始就提出很大的要求，对方会毫不犹豫地拒绝。就如案例中第二个乞丐一样，一开始就想要"地毯和壁炉"，女主人肯定会让他滚蛋。而第一个乞丐之所以能成功，是因为他提出的要求仅仅是"剩菜剩饭或者面包屑"，那么即便没有什么慈善之心的人也能做到，也会答应对方的要求在，这是人心理防卫的第一道防线，只要突破了这一点，剩下的也就好说了。

2. 让别人主动满足自己的要求。

很多人都觉得这是不可能的，别人怎么能平白无故地满足自己的要求呢？其实通过案例中第一个乞丐的故事我们就可以看到，这是完全有可能的。因为这个乞丐并没有提出“要睡在地毯和壁炉边”的要求，只是说了“您家的壁炉可真暖和，地毯也很漂亮，唉，现在外面的天气真是冷啊，很高兴你们这么幸福，祝福你们！”这样一句话，女主人就让他住下了。那么他是如何做到的呢？就是通过自己的境况和女主人的境况产生的对比，从而凸显出自己的无助，让女主人发善心主动收留自己。

3. 善于寻找要求的附加值。

所谓欲望的附加值是指随着欲望而来的附加上去的东西，比如乞丐要了面包之后，就会要喝水，这就是一个附加值。其实在人际交往的时候，很多人都会使用这一招，比如我们会先邀请一个人出去喝一杯，然后再谈事，然后再提出自己的要求。这种附加值的叠加往往就能达到自己的目的。

4. 注重要求的合理性，让人无法拒绝。

案例中第一个乞丐是一个非常聪明的人，他明白他提出的要求很多人都难以拒绝，比如他拿了面包之后，还要喝水，这种要求完全是合理的。因为面包干确实是事实，喝水也是情理之中，女主人根本就无法拒绝，所以他跨进了女主人的房子，为自己的下一个目的做好了铺垫。

善于独立思考

真正善于独立思考的人反而更加谦卑，因为独立思考的过程必须要有充分的论据支撑，否则推理将难以成功，思考者也难以说服自己，更会担心自己看过的和体验过的东西不够多，得出的结论不够全面，所以会更加小心翼翼地去观察得出结果，而不是样样都能简单武断地用一个肯定句陈述出来。

所谓从众效应是指人们在日常生活、工作当中会不自觉地认为大多数人认为好的东西，自己也就认为是好的，大多数人去做的事情自己也会情不自禁地去做。去市场买菜，人们首选是人多的那个摊位，而不是人少的那个摊位，因为在人们心目中，买的人多就意味着菜好，人少就意味着不好。实际上是不是如此呢？其实并不定然。

同样的道理，在遇到某一件事情的时候，大家都这么说，那么你也会情不自禁地也这么说，很少有人会提出新的见解或者不同的意见，即便有的人这么做了，也会招致大家的反对、甚至是不理解、白眼。

从众效应并不是一无是处，因为在特定的条件下，比如个体在没有足够的信息或者搜集不到准确信息的情况下，恰当的从众行为可以使自己进行更安全的选择，从而有效地避免风险，不至于因为说错话而闹出天大的笑话。但是如果我们一味地人云亦云、盲从别人，就会养成懒惰的习惯，扼杀一个人的独立性和独立意识。

从这一点来看，我们就应该培养自己的独立意识和判断力，尽量避免人云亦云的情况出现。

小王是个没有主见的人，遇到事情不善于自己去寻找答案，总是希望从别人那里得到答案。也正因为如此，无论是他的生活还是事业都没有获得成功，甚至连所谓的起色都没有。他很苦恼，决定去问一个智者。

听了小王的诉求，智者没有说话，只是带着小王来到一个正在吃草的羊群边上，指着最后一只羊问小王："你说这只羊能吃到新鲜嫩绿的草吗？"

"不能！"小王回答得很干脆，因为他看到这只羊在啃别的羊留下的草根。

"为什么不能呢？"智者接着问小王。

"因为它在别人后面，如果它能跑到前面去就能吃到嫩草了。"小王想了想说。

"对啊，如果它能跑到别人的前面去就能吃到嫩草了。那么你是不是也很像这只羊呢？你总是别人说什么你说什么、别人做什么你做什么，你吃的永远都只能是别人留下的草根，那么你怎么可能有所发展、有所成功呢？"智者说完，头也不回地走了，留下小王一个人在那里思考。

"智者说得没错，自己要想有所发展，就必须另辟蹊径，走一条别人没有走过的路，说一些别人没有说过的话。"事后小王反思道。

从这一天开始，小王一改以前的作风，开始慢慢地培养自己的独立意识，在面对问题的时候不再人云亦云，有了自己的意见和建议。一年之后，他的事业果然上了一个新台阶。

其实在日常生活中，很多人都像故事中的小王一样，从众意识特别强烈，似乎如果自己的做法没有和大家一样，自己就会被排除在外。这种想法会促使我们将自己归类到“大众”之中，从而丧失了独立意识，开始变得人云亦云。

很显然，这样做是很危险的，因为我们随时都可能变成那只“啃草根”的怜羊。那么在日常的工作生活中，我们该如何做才不会犯这样的错误呢?

1. 自己去思考，而不是询问别人的想法。

每个人都有一定的惰性，在遇到问题的时候，总是不喜欢自己去思考，而是通过询问将别人的想法、答案据为己有。殊不知，这其实也是一种从众效应的表现：别人都是这么想的，那我这么想肯定不会出错。实际上是不是这样呢？很难说。

2. 具备怀疑精神，不要轻信别人的结论。

所谓怀疑精神是指对任何事情、答案都怀疑，直到自己得出结论为止。比如有人得出“小王是个好人”的结论时，我们就可以怀疑“小王真的是个好人吗”？然后根据这个疑问自己去寻求答案，直到自己得出“小王确实是个好人”的结论为止。

3. 明确并利用自己的个性标签。

要想具备自己的独立意识，很重要的一点就是必须明确自己的个性标签。因为你只有明确自己的个性，才会从“众人”的群体中独立出来，才不会随大流。

4. 做事情善于另辟蹊径，不要习惯于走别人的老路。

做事的时候如果能利用别人的老路，可能会减少很多麻烦，也能提高效率。但是这样做也有一个不好之处：沿袭别人的做法，缺乏创新，久而久之会丧失独立意识。那么该怎么办呢？另辟蹊径！不要以为一个问题就只能有一种解决方案，只要你善于去寻找，总能找到和别人不一样的方法。

第八章

每天学点心理学，找到成功之路

正如我们总是拿着铁棍去砸锁，而不是拿着钥匙去开锁一样，我们总是认为铁棍的力量比钥匙大。其实我们并不知道，正是这种常规的认知模式束缚住了我们，让我们无法认识问题的真正本质。只有改变这一点，我们才能处理好自己的事情。

以退为进

由于每个人的地位、学识、修养、背景、性格和思维方式各不相同，各自的利益也各不相同，所以对于问题的看法就决不会一样，那么，在人与人之间的交往中就不可避免地会有矛盾、冲突、斗争，即使是抱着"与世无争"态度的人也不能超然物外，你不与别人争，人家却要与你争。所以，不争不是办法，而是要争之以道。这个道是什么呢？就是太极之道——以柔克刚。

南风效应来自于一则寓言故事。故事上讲：北风与南风打赌，看谁能把行人的大衣脱掉。北风劲，可越刮，行人把大衣裹得越紧；南风徐徐，轻柔温暖，使行人自觉地把大衣脱下。南风之所以能达到目的，就是因为他顺应了人的内在需要，使人的行为变为自觉。这种心理反应，我们称之为“南风效应”。

其实在我们的生活当中，也经常使用这种效应。举个很简单的例子：你希望某个人帮你去做某件事情，如果你使用粗暴的打骂、恐吓等手段并不一定能达到目的，但是如果你好好地和对方说说话，夸奖一下对方，那么对方一般很快就会答应帮助你。这就是说做事情手段过于强硬并不一定能达到效果，以柔克刚反而能见奇效。

美国有一个17岁的姑娘，她在寡母的支持下，好不容易找到一份在高级珠宝店当售货员的工作，试用期为3个月。新年快到了，店里的工作特别忙，姑娘干得很认真，因为她听经理对别人说有留下她的意思。这天早晨，她来到店里上班，把柜台里的戒指拿出来整理。这时，她瞥见从门外进来了一位30岁左右的顾客，他几乎是这不幸时代贫民的缩影：一脸的愤怒、褴褛的衣衫。他用一种不可企及的、贪婪的眼睛盯着那些高级首饰。

“丁零零！”电话铃响了，姑娘急着去接电话，一不小心，把一个盒子碰翻了，六枚精美绝伦的钻石戒指落到地下。她慌忙四处寻找，捡起了其中的五枚，可是第六枚戒指呢？怎么也找不着。姑娘急出了一身汗。这时，她看到那个30岁左右的男子正向门口走去。顿时，她猜到了戒指可能在哪儿。

当男子的手将要触及门柄时，姑娘柔声叫道：“对不起，先生！”那男子转过身来，两人相视无言足足有一分钟。“什么事？”他问，脸上的肌肉有些抽搐。“什么事？”他再次问道。“先生，这是我第一次工作。现在找个事做很难，是不是？”姑娘神色黯然地说。

男子久久地审视着她，终于一丝柔和的微笑呈现在他的脸上。“是的，的确如此。”他回答，“但是我能肯定，你会在这里干得不错。”停了一下，他向前一步，把手伸给她：“我可以为你祝福吗？”姑娘也立刻伸出手，两只手紧紧地握在一起，她用低低的、柔和的声音说：“也祝你好运。”

他转过身，慢慢走向门口。姑娘目送他的身影消失在门外，转身走向柜台，把手中握着的第六枚戒指放回原处。

试想如果案例中的姑娘在遇到这种事情的时候，采取威胁、报警等极端方法来处理的话，不仅很难达到自己的目的，甚至还会把事情扩大化，威胁到自己的工作。可是这个聪明的姑娘并没有这么去做，而是采取了“攻心战术”，将自己的处境和现实情况说了出来，很快将对方说服，达到了自己的目的。

其实这种方法在我们的日常生活中也经常用到，最典型的就是说软话。但是我们也知道，说软话也是有技巧的，只有说得好、说得妙，才能把事情办得圆满。那么软话该如何说才能好或者妙呢？

1. 软话不能生拉硬扯，要软得巧妙，也要有力。

软话是用柔和、顺承的方式让对方泄掉心头的固执和坚持，在说的时候要尽量地迁就对方。但是，这种迁就不是一味地。说软话的时候还要用软力巧妙地改变对方的思路，让对方认同你，软话仍要有力。

2. 硬话可以软说，但是要有个度。

软也要有力量，不能把软话说得懦弱。有的人为了迎合别人的意思，在说软话的时候唯唯诺诺，一味应承，最后反而被人家说服了。这种做法就失去了说软话的度。如果一味地说软话，当涉及实质内容时又提出相反的看法，只会让对方觉得你很虚假，不利于你办成事

3. 说软话要看清对象。

以柔克刚说软话要看对象，并不是对所有的人说软话都有效。知己知彼，才能百战不殆。对方是通情达理的人，你才能用软话引起共鸣。如果对方是无理之人，你的话说得再软，也起不了太大的作用。

4. 牢记说软话的目的。

说软话时，妥协退让不是目的，而是办事的一种手段。你要牢记说软话的目的，是要以软来积蓄力量，最终达成顺利成事的目的。如果你在说话的过程中忘记了这个目的，很可能会中途忘记了自己的坚持，反而被对方占据了说话的主动权。

换个角度看问题

做人、做事不要急功近利，不要目的性太强、功利性太盛，否则人生会吃大亏。看看大千世界，那些惯于搞短期行为的人，没有几个有好下场。那些不善于老老实实做人、踏踏实实做事的人，没有几个能成功的。为什么？因为戴着人生的近视眼镜，去寻找所谓的人生定位，一切依靠投机取巧，怎么会有长久的安乐和幸福？如果一个人的生命之舟总维系着功名的追逐，那么其身心都将变成名利的奴隶，也就别指望能获得幸福和快乐。绝大多数人，并不了解幸福是自己造就的。只有少数人，了解自己应该追求什么，并且有所计划，方能取得卓越成就。一个人在一生中不清楚自己要什么，且如何去获取，那是很不幸的。比如一生贪婪地追求名利，目标虽然明确清晰，但却已经成为名利的奴隶。

“酝酿效应”来自于大物理学家阿基米德。在古希腊，国王让人做了一顶纯金的王冠，但他又怀疑工匠在王冠中掺了银子。可问题是这顶王冠与当初交给金匠的一样重，谁也不知道金匠到底有没有捣鬼。国王把这个难题交给了阿基米德。阿基米德为了解决这个问题冥思苦想，他起初尝试了很多想法，但都失败了。有一天他去洗澡，他一坐进澡盆，就看到水往外溢，同时感觉身体被轻轻地托起，他突然恍然大悟。连忙站起来，运用浮力原理解决了皇冠的问题。

不管是科学家还是一般人，在解决问题的过程中，我们都可以发现“把难题放在一边，放上一段时间，才能得到满意的答案”这一现象。心理学家将其称为“酝酿效应”。阿基米德发现浮力定律就是酝酿效应的经典故事。

其实日常生活中，我们也经常有这样的感觉。比如我们常常会对一个难题束手无策，不知从何入手，这时思维就进入了“酝酿阶段”。直到有一天，当我们抛开面前的问题去做其他的事情时，百思不得其解的答案却突然出现在我们面前，令我们忍不住发出类似阿基米德的惊叹，这时，“酝酿效应”就绽开了“思维之花”，结出了“答案之果”。古代诗词说“山重水复疑无路，柳暗花明又一村”正是这一心理的写照。

那么为什么会出现这种现象呢？答案就是我们把难题放在一边之后，关注难题的思维就会得到一种暂时性的解放，心理紧张感随即消失，自然而然，好办法也就想出来了。心理学家认为，酝酿过程中，存在潜在的意识层面推理，储存在记忆里的相关信息在潜意识里组合，人们之所以在休息的时候突然找到答案，是因为个体消除了前期的心理紧张，忘记了个体前面不正确的、导致僵局的思路，具有了创造性的思维状态。因此，如果你面临一个难题，不妨先把它放在一边，去和朋友散步、喝茶，或许答案真的会“踏破铁鞋无觅处，得来全不费功夫”。

阿伟最近烦透了，他和女朋友之间又闹矛盾了，并且矛盾还一再地升级，发展到互不联络的地步。阿伟还清楚地记着女友离开时愤怒的眼神和那句近乎绝情的话：“你再也不要来找我！”

“再也不要去找她，那我们该怎么办？即便是找她道歉也不行？”阿伟心里默默地想着，“难道和她的缘分真的就这样尽了？”苦闷的阿伟好几天以来都没有吃好饭、睡好觉，脑子里全是女友离开时的眼神和绝情的话。

朋友看看阿伟痛苦的样子，便劝他："别想这么多了，出去走走吧，散散心，说不定也就有办法了。"

无奈的阿伟听从了朋友的劝告，一个人去了外地旅游景点游玩。这里风景很美，有山有水，空气也很清新，环境的改变让阿伟的精神改变了很多。他暂时性地忘记了自己烦恼，和当地的一些人玩到了一起，很开心，他似乎觉得自己已经有几个世纪没有这么开心过了。看着眼前飞过的一群群小鸟，让阿伟想起了自己和女友一起养的信鸽……

突然间，阿伟有了自己的主意：她不是说不要我去找她吗？那我就让我们的信鸽去找她……

一年以后，阿伟和她的女友幸运地走上了红地毯，有情人终成眷属。

正如故事中的阿伟一样，我们在遇到一些问题的时候总是会出现"脑子短路"的状况，很简单的一些问题越想越乱，越想越找不到答案。这个时候，我们不妨暂时性地将问题遗忘，去做一些其他的事情，说不定，问题的答案也就自动出来了。这就是我们善于给思维松绑的好处。

那么在日常的生活当中，我们该如何给思维松绑呢？

1. 给自己足够的休息时间。

如果你休息的时间不够，遇到问题的时候，你会产生一种混沌的、模糊的思维，不能敏锐地发现问题的本质所在，当然也就不能很好地解决问题。遇到这种情况，最好的办法就是放下问题不管，先去休息，等你一觉醒来或者一趟旅游回来的时候，你会发现这问题竟是如此简单。

2. 暂时性地忘记。

虽然要忘记一些事情很难，但是我们可以尝试着暂时性的忘记。比如案例中的阿伟一样，面对眼前美丽的风景、可爱的人群，脑子中就会充满这些美好的东西，而把自己和女友之间不好的事情忘却了。这样不仅不会耽误正事，反而会促进我们解决问题。

3. 转移自己的注意力。

我们似乎都有这样的经历：我们太专注某件事情反而不利于这件事情的解决，而一旦我们将注意力转移之后，解决问题的方案就能自动蹦出来，这同样是“酝酿效应”的影响。

4. 换个角度看问题。

面对一个问题，如果你总是只从一个角度去看它，那么就只有一种解决方案或者根本就没有解决途径。但是如果我们能够换个角度去看问题，那么思维也就变得开阔起来，解决问题的方案也就多了起来。

思维和人一样，你越是逼它，它就越不就范，给它的压力太大，反而不利于问题的解决。我们只有善于给它松松绑，让它也放松一下，才能有好的主意、想法蹦出来。

拉近心理距离

在人际交往中，我们也往往存在这样一种倾向，即对于与自己有共同语言的对象，跟自己相似的人，我们更加乐于接近。所谓“自己人”，就是与自己存在着某些共同之处的人。人们对“自己人”所说的话更信赖、更容易接受。

“合伙人效应”源自生活中的一个现象：你在做某事的时候，别人可能会说三道四，甚至会提出很多奇怪的、负责的意见，但是如果你能将这些人拉来入伙，成为你的合伙人，那么这些所谓的问题和意见也就会消失不见，他们会和你的思想同步。

之所以出现这种现象，很关键的一点是入伙之前，哪些人有点“站着说话不腰疼”之嫌，一旦自己入了伙，那么这件事情也就是自己的了，也会变得谨慎起来，信口开河、随口说说的现象也就得到了遏止。很显然，这是因为人心理上的变化而引发的行为上的变化。于是社会学家便将这种现象称之为“合伙人效应”。

那么我们对此细细分析一下不难发现，没有合伙之前那些人之所以说三道四是出于一种“排斥心理”，即排斥你所做的或者将要做的事情。无论这是不是嫉妒心在作怪，都会给我们的生活、工作带来一些障碍。这种障碍主要表现在以下两个方面：

（1）增加我们的心理压力，使得我们对自己的决定产生怀疑。

（2）混听我们的视角，扰乱我们的心绪。

牛红最近有一个大胆的想法：辞职单干。这本来是一件好事，但是令牛红没有想到的是，周边的朋友并不支持她，而是一个劲地反对，提出各种各样刁钻的、古怪的问题。甚至有的还搬出“女子无才便是德”“三从四德”等古训来说服自己放弃这个想法。

更让牛红没有想到的是，当自己表明想要坚持自己想法的时候，周边的朋友竟然都觉得她不可救药、不可理喻……总之，牛红就是她们的敌人。

虽然牛红是一个有主见的人，但是遇到这种情况她也有点慌了手脚，既然这么多朋友都劝自己放弃，说不定放弃还真是对的，毕竟群众的眼睛是雪亮的嘛！

正当牛红准备放弃的时候，一个前辈告诉牛红，其实根本用不着这样去做，你只要将反对得最厉害的那个人拉来当作自己的合伙人即可，他们不但不再会为难你，而且还会为你出谋划策。

将信将疑地牛红开始按照前辈的指点去做，果然，情况好了很多，那个反对自己最激烈的人一听到自己将要成为合伙人，立刻就换了一个态度，又是支持、又是指点的，比牛红自己还要忙。当然，身边的那些人看到这种情况，也都闭上了嘴，牛红的创业梦终于得以实现。

朋友给我们意见是为了我们好，这是没错的。但是这些意见有多少可信度、水分有多少我们不得而知。要知道，生活当中像案例中牛红这样遭遇到朋友反对的人并不少，只可惜的是很多人并不懂的“合伙人效应”的影响，白白丧失了很多机会。

那么在日常生活当中，我们该如何做才能将“合伙人效应”发挥到极致呢？主要有以下几点：

1. 通过询问对方的意见。

很多人之所以表现得很专业、很有见解原因就在于这些人想要炫耀自己的才学、能干、对某方面很精通。很显然，这是一种虚荣心膨胀的需要。如果我们在做某事的时候能满足对方的这种观念虚荣心，那么问题也就好解决了。当然，满足对方虚荣心的方法有很多：比如夸赞对方、询问对方的意见、请对方当指导者等等。

2. 利用“自己人效应”。

任何一个人，都有或多或少的自私心理，对属于自己的，或者是自己身边人的东西表示关切，不会信口开河，甚至还会出谋划策，帮助身边的人把问题解决掉，因为他们觉得你是自己人。这就是自己人效应。其实我们在遇到案例中牛红所遇到的类似问题时候，也可以利用一下“自己人效应”，

3. 适当给予对方好处。

这是一种通过馈赠、拉拢等手段来消除对方排斥心理的方法。举个很简单的例子，你要做某件事情，对方有反对意见，如果你能找个机会和对方吃顿饭、给对方送点小礼物，那么对方的这种排斥心理就会减弱或者消失，甚至彼此之间还能成为好朋友。正所谓“不打不相识”很大程度上说的就是这种。

4. 消除人们的嫉妒心理。

很多人之所以在那里胡言乱语、站着说话不腰疼仅仅是因为他们的嫉妒

心理。他们正是希望通过这种方式打击你的积极性，让你的计划无法顺利开展，从而让自己的心理得到一种平衡。那么遇到这种情况的时候该怎么办呢？最直接、有效的做法就是消除这些人的嫉妒心理，让他们觉得你的崛起不会给他们的生活、工作造成影响或者压力。只要他们明白了这一点，你也就能放手大干了。

不要以自己的标准评价别人

深交情谊，建立不容易，但摧毁却易如反掌。人与人相处会有很多外在的障碍，但都不足以破坏关系；最可怕的还是心里的有色镜片——人既有的观念。

有时候，我们所界定为障碍的事物，可能根本不存在。例如你有个交往频密的好友，因突然要往外地公干，连通知你的时间也没有，就匆匆走了。你若因而认定对方想与你疏远，就未免太杞人忧天了。你以为的事实既不存在，由此引发的忧愁也是多余的。人心中既有的假设，就像有色眼镜一样，模糊了真相、扭曲了事实，结果不单伤害自己，也可能祸及他人。

“破窗效应”源自美国心理学家詹巴斗曾经做过的一个“偷车实验”，将两辆一模一样的轿车分别放在一个环境很好的中产阶级社区和环境比较脏乱的贫民区，结果发现贫民区的车很快被偷走了，而在中产阶级社区的另一辆几天后仍然完好无损；如果将中产阶级社区的那辆车的天窗玻璃打破，几个小时后，那辆车也被偷了。

后来，在此实验基础上，美国政治学家威尔逊和犯罪学家凯林提出了有名的“破窗理论”：如果有人打坏了一栋建筑上的一块玻璃，又没有及时修好，别人就可能受到某些暗示性的纵容，去打碎更多的玻璃。

“破窗理论”体现的是细节对人的暗示效果，以及细节对事件结果不容小视的重要作用。事实证明，“破窗理论”也确实能够指导我们的生活。

18世纪的纽约以脏乱差闻名，环境恶劣，同时犯罪猖獗，地铁的情况尤为严重，是罪恶的延伸地，平均每7个逃票的人中就有一个通缉犯，每20个逃票的人中有一个携带武器者。1994年，新任警察局长布拉顿开始治理纽约。他从地铁的车厢开始治理：车厢干净了，站台跟着也变干净了，站台干净了，阶梯也随之整洁了，随后街道也干净了，然后旁边的街道也干净了，后来整个社区干净了，最后整个纽约变了样，变整洁漂亮了。现在纽约是全美国治理最出色的都市之一，这件事也被称为“纽约引爆点”。

破窗效应揭示了这样一个道理：环境具有强烈的暗示性和诱导性，任何一种不良现象的存在，都在传递着一种信息，这种信息反过来会导致这种不良现象的无限蔓延。所以在面对一些现象、问题的时候，我们应该对其进行深入分析，而不是根据现有的思维、线索作先入为主的判断，戴着有色眼镜看问题，这样很容易出现差错。

月考过后，李某的成绩异乎寻常、不可思议地变好了。班主任的第一反应就是，这绝对不是李某的真实成绩！因为在班主任的心目中，一名“双差生”肯定不会发生如此翻天覆地的变化，在班主任执教十几年的时间里，还从来没有出现过这样的事情呢！“作弊”这个词在班主任的脑海中久久萦绕，怎么也挥不去。

为了弄清事情的真相，班主任决定做一个彻底的调查。

首先，班主任找来李某身边的同学了解详情，准备各个击破，可他们却异口同声地的说，近段时间李同学上课特别专心，课后还经常向同学和老师请教问题，数学演练的草稿纸就有好几大本，在家也不是从前那自由散漫的样子了。

听了他们的话班主任还是不大相信，于是，在课前课后班主任开始留心观察李某，班主任发现的确像同学们所说的那样。

一天，班主任把李某叫到办公室，面对面了解情况，他说："老师，以前我对不起你，给班级带来了很多坏的影响，从今以后，我要改变自己，重新做人。"这时，班主任才恍然大悟：原来是自己戴着有色眼镜在看人！

很显然，案例中的班主任之所以会戴着有色眼镜看人，是因为在他心目中，一个差生是不可能有如此之大的变化的，他甚至自以为是地认为差生获得好成绩只能有一条途径：作弊。这其实就是受到了"破窗效应"的影响，戴着有色眼镜看人。很显然，如果生活当中我们这样去做，肯定会给自己造成一定的伤害。

那么我们该如何做才不会戴着有色眼镜看人呢？主要有以下几个方法：

1. 秉持一颗公正的心，公正地看待别人的进步和改变。

正如案例中的班主任老师一样，很多时候我们凭借自己所谓的经验和经历，算定了某个人不可能取得突破、有所成就。甚至在这些人取得一定成就的时候持怀疑的态度。这样做对于这些人来说其实是不公平的，准确地说，我们这样做就丧失了一颗公正的心。要知道，任何一个人都具备一定的潜力，成功也是情理之中的，不要看扁一个人，更不能丧失一颗公正的心。

2. 不要固执己见，眼见为实。

很多时候，我们固执己见，总是认为自己的推断、判断是正确的，而实际上却并不是如此。正如案例中的班主任一样，固执地认为"双差生"之所以能取得这样的好成绩，完全是靠着“作弊”获得的。那么事实是不是如此呢？很显然，不是。班主任老师通过自己的观察和调查发现自己错怪了这个学生。

3. 换一种思维方式。

不同的思维方式决定了看问题的不同结果。我们之所以很多时候戴着有色眼镜去看人，关键就是我们总是以一种固定的、现成的思维去看待问题。试想，如果案例中的班主任老师能换一种新的、积极的思维去看待“双差生”的改变，那么他还会犯这种错误吗？很显然不会。我们之所以产生“怀疑”的偏见，关键是定式思维在作怪，其深层原因还是“目中无人”“心中无情”。

4. 摈弃自己的偏见。

偏见也是引起很多人戴着有色眼镜看看人的原因之一，因为我们一旦有了偏见，内心就会有一种固定的、现成的思维模式，并且用这种模式去理解、分析自己所看到的现象。“双差生不可能有如此翻天覆地的变化”就是案例中班主任老师的一种偏见，并且用这种思维模式来理解分析双差生的现象，得出了“作弊”的错误结论。由此可见，只有摈弃我们心中的偏见，才能逃离固定思维模式的束缚，更加准确地对现象作出判断。

犹豫不决的选择等于没有选择

太多的选择，等于没有选择。选择的可能性越多，越容易对自己的选择持怀疑态度。当你面前只有一条道路时，你会坚定不移地走下去；当你面前有多条道路时，你就会无所适从，甚至做出错误的选择。机会越多，越容易迷惑自己，越容易让真正的机会在你犹豫不决的时候悄悄溜走。

布里丹毛驴效应来自于一个故事：法国哲学家布里丹新买了一头小毛驴，牵到家里之后，布里丹发现小毛驴很饿。于是马上向附近的农民买一堆草料来喂它。可是第二天早上．当布里丹来看望这只小毛驴的时候，却发现它倒在地上已经死去多时了，它的身边完好地放着两堆草料。

既然身旁有草料，毛驴为什么还会饿死呢？原来，当布里丹向农民买草料的时候，送草的农民出于对布里丹的仰慕，额外多送了一堆草料。结果，那只愚蠢的小毛驴就站在两堆数量、质量和距离完全相等的干草之间，徘徊不定，站在原地，一会儿考虑数量。一会儿考虑质量，一会儿分析颜色，一会儿分析新鲜度，犹犹豫豫。最后在无所适从中活活地饿死了。

后来有人把小毛驴在决策过程中犹豫不定、患得患失的现象称之为“布里丹毛驴效应”。

其实在我们身边不乏这样的人，做任何一件事情，他们总是想过来想过去，既怕丢失这个，又怕失去那个，患得患失，最终一无所获，既没有得到这个，也没有得到那个。人生在世，我们在生活和工作中也经常面临种种或轻松，或艰难的抉择。有抉择就会有放弃，很多选择还会对我们的人生成败、得失产生巨大的影响，而且一旦做出决定就无法更改，所以我们都希望做出最佳的抉择，常常在抉择之前反复权衡利弊而犹豫不决，其实这种患得患失的做法最终的结果不是让你获得最多，而是让你失去最大。

奥纳西斯是闻名于世的希腊船王，他的成功主要得益于敢于决断，特别是他买下加拿大国营铁路公司的6艘货船一事，更是体现了这一点。也正是因为此事，让他成为了一代海上霸主。

1929年全世界范围发生了经济危机，工厂倒闭，工人失业，百业萧条，海上运输业也在劫难逃。一天，奥纳西斯和他的一个同行朋友听说加拿大国营铁路公司为了度过危机，准备拍卖家当，其中有6艘货船，10年前价值200万美元，如今仅以2万美元的价格拍卖。

他和他的同行朋友似乎都对这个消息感兴趣，但是他的同行朋友却表现得极其犹豫不决，今天害怕这个、明天担心那个，始终犹豫不决。奥纳西斯最终算是看明白了：这个朋友患得患失，终将成不了大气候。

于是，最终他决定自己一个人买下这6艘船。尽管当时的海上运输业并不景气，仅仅只有经济危机之前的1／3，甚至一些老牌的海运企业家都纷纷转行，奥纳西斯也都没有犹豫不决。他经过一番思考之后，果断决策：赶往加拿大，买下拍卖的船只。

人们对奥纳西斯的举动瞠目结舌。大家都觉得他太傻了，这不是白白把大把的钞票往海里扔吗？于是，有人偷偷笑奥纳西斯愚蠢至极，也有人悄悄议论说奥纳西斯的精神有点问题，一些亲朋好友则规劝他不要做赔本买卖。面对这些劝告，奥纳西斯没有听，他觉得他不能和那个同行朋友一样患得患失，否则机遇就会失之交臂。

事实果然不出所料，经济危机过后，海运业迅速回升，奥纳西斯从加拿大买回来的那些船只，一夜之间身价陡增。他一跃成为海上霸主，大量财富源源不断地向他涌来，他的资产成几十倍地激增。1945年，奥纳西斯跨入希腊海运业巨头的行列。

正如案例中奥纳西斯的那个同行朋友一样，患得患失最终失去了一个发大财的机会。那么，在我们的日常生活中该如何做才不会犯这样的毛病呢？

1. 扩充自己的知识面。

为什么很多人在遇到一些事情的时候，总是想过来想过去、不能在最短的时间里拿出一个方案，很大程度上是因为这些人缺乏这方面的知识储备，对面临的问题不清楚、不了解。试想，如果这个问题正好是我们自己所熟悉的领域，那么我们还会花这么长的时间去犹豫吗？

2. 自己给自己做主。

如果你不能自己做自己的主，那么你事事都要去问别人，你就成了一个躲在别人身影后面的宠儿，没有自己的命运，不敢作出自己的决策。最终也只能在犹犹豫豫，患得患失中失败。对于这样的人来说无疑是可悲的。当然，要想改变这种情况也很简单：做自己的主，让别人说去吧！

3. 敢想敢做的胆量。

胆量，是很多成功者成功的必备要素之一。如果你敢想但是却不敢做，对于现实依旧没有多少改变。更何况，很多人连想都不敢想。这样的人在遇到一个机会的时候，也只会在犹犹豫豫中丧失机会。

4. 灵敏的判断力。

案例中的奥纳西斯为什么有胆量买下别人不敢买的船呢？很关键的一点，他具备灵敏的判断力，他知道经济危机是暂时的，只有现在低价吃进，才能在危机过后高价抛出，这样自己就能获得一大笔资金。事实证明正是如此。由此可见，我们在改变自己犹豫的性格的同时还可以提高自己的判断力。

没有最好的，只有更好的

生活里与其做个超人，不如做个凡人。前者孤独，高处不胜寒；后者自在，轻松潇洒。确实，完人并非具有最大的吸引力，再说也没有完人。那么，我们为什么要戴着面具充当完人，这多虚伪、多荒唐、多累人！而且吃力不讨好。天下没有一个完美的人，所以天下人对不完美的能人更感兴趣，也更易产生共鸣点。

断臂维纳斯令人遗憾，但也使人感到亲切可人，因为每个人心中都可以为她准备一双美丽的手，那么等于每一颗心都接纳了她。真实呈现自己，实际上就是解放自己，于是，有了个性鲜明的自我，也有了创造性的自我，更有一个受人欢迎的自我。不失真我，又赢得了世界。没有最好的，只有更好的。

麦田法则来自于苏格拉底的一次实验：苏格拉底让他的学生到麦田挑选一穗麦穗，并且声明，这一穗麦穗是全田最好的麦穗，每个人只有三次拔穗的机会。于是这些当学生开始穿过麦田去寻找，刚开始找到一穗的时候便拔下来，随即又看到更好的拔了下来，就这样三次机会很快用完了，走到麦田尽头的时候大家都是两手空空。于是苏格拉底说：最大的麦穗就是我们进入麦田时看到的第一穗麦穗。事物的特性是通过比较得出的，任何事物都只有更好的，没有最好的。如果你想获得最好的东西，那么你永远也不可能成功。

其实我们生活中有很多完美主义之人，总是在寻找最好的东西，在他们心目中，只有最好的才能满足。很显然，这些人几乎每次都会失败，即便暂时成功了，也会因为有了更好东西的出现而走向失败。这就像我们平时逛街购物一样，看着这个不错，那个也不错，心想自己一定要买最好的。等你买完自认为是最好的时候，你会发现，身边还有很多东西比你买的还要好，甚至好很多。

这也就告诉我们，面对生活中的很多东西，我们只能选择更好的，而无法选择最好的。

父亲给孩子带来一则消息，某一知名跨国公司正在招聘计算机网络员，录用后薪水自然是丰厚的，还因为这家公司很有发展潜力，近些年新推出的产品在市场上十分走俏。

孩子当然是很想应聘的。可在职校培训已近尾声了，这要真的给聘用了，一年的培训就算夭折了，连张结业证书都拿不上。

面对这个两难的选择，孩子犹豫了，他不知道自己该怎么办。了解到孩子的困境，父亲笑了，说要和孩子做个游戏。他把刚买的两个大西瓜一一放在孩子面前。让他先抱起一个，然后，要他再抱起另一个。孩子瞪圆了眼，一筹莫展。抱一个已经够沉的了，两个是没法抱住的。“那你怎么把第二个抱住呢？”父亲追问。

孩子愣神了，还是想不出招来。父亲叹了口气：“哎，你不能把手上的那个放下来吗？”孩子似乎缓过神来，是呀，放下一个，不就能抱上另一个了吗！孩子这么做了。父亲于是提醒：这两个总得放弃一个，才能获得另一个，就看你自己怎么选择了。孩子顿悟，最终选择了应聘，放弃了培训。后来，如愿以偿，成了那家跨国公司的职员。

生活中的很多事情就是充满了选择性，几乎每一天我们都在选择中度过，从这一点来说，生活与其说是拼搏着过，不如说是选择着过。我们只有做好自己的选择，才能走向成功。正如案例中那个孩子所遇到的情况一下，面对两难的局面，我们唯一能做的就是选择更好的那个，而不是去追寻最好的第三个。因为最好是虚无的，不现实的。

那么在面临选择的时候，我们该如何才能选择到更好的那一个呢？

1. 深入分析两个选择之间的优劣势。

既然要选择更好的，那么就应该辨别出哪个才是更好的，这就需要我们对两个食物进入深入的分析，以便得出它们身上的优劣势。比如案例中的男孩所遇到的困境，就应该将“继续培训”和“前去应聘”的优劣势一一摆出来，看看哪一个优势多。

2. 不要追求完美主义。

世界上没有绝对完美的东西，正所谓“金无足赤。人无完人”，如果你一味地追求完美主义，最终只能有一个结果：两手空空。要记住一点，你心里所想的并不一定能在现实当中得到，我们唯一能做的就是寻找那些更加接近于我们心里的东西。

3. 明白自己到底想要的是什么。

如果你连自己想要什么都没有弄明白的话，你如何去选择呢？失去了目标也就无所谓道路了，同样也就无所谓哪条道路好，哪条道路不好了。换句话说，只有我们明白自己想要的是什么，我们才能按照自己的要求去寻找更好的、更加适合自己的那一个。

4. 懂得满足，善于给自己减压。

只有善于自我满足的人才不会钻牛角尖去寻找所谓的完美，要知道，满足自己的某种欲望有很多种选择，我们没有必要选择那个最好的，只要能达到目的即可。举个很简单的例子，要解决肚子饿的方法有很多，米饭、馒头、菜肴。既然如此，我们为什么还非得要去追求满汉全席呢？

第九章

每天学点心理学，事半功倍

做任何事情都是需要讲究方式方法的，只有找对方法才能做对事情。那么如何才能找对自己的方法呢？一个非常有效的办法就是了解人们的心理，准确把握做事的规律。要知道一点，真正给我们造成障碍的 并不是事情本身，而是我们的心里所想。

好奇心是做好事情的动力

爱因斯坦曾说："兴趣是最好的老师。"古人也曾说："知之者不如好之者，好知者不如乐之者。"哈佛大学第26任校长陆登庭曾经说过这样一句话："如果没有好奇心和纯粹的求知欲为动力，就不可能产生那些对人类和社会具有巨大价值的发明创造。"由此可见，兴趣对学习有着神奇的内驱动作用，能变无效为有效，化低效为高效。

"禁果效应"也叫"罗密欧与朱丽叶效应"，指一些事物因为被禁止，反而更加吸引人们的注意力，使更多地人参与或关注。越是禁止的东西，人们越要得到手。这与人们的好奇心有关。有一句谚语："禁果格外甜"，就是这个道理。

"禁果"一词来源于《圣经》，它讲的是夏娃被神秘的智慧树上的禁果所吸引，趋于好奇心的吸引去偷吃禁果，最终被贬到人间，这种禁果所引起的好奇心理现象，就是一种一种"禁果效应"引起的现象。

除此之外，"禁果效应"还出现在早期的一些神话故事当中。比如潘多拉的魔盒故事就是其中之一。在古希腊神话故事中，有位叫潘多拉的姑娘从万神之神宙斯那里，得到一个神秘的小匣子，宙斯严令禁止她打开，这就激发了姑娘的猎奇和冒险心理，一种急欲探求盒子秘密的心理，使她终于将它打开，于是灾祸曰此飞出，充满人间。潘多拉姑娘的心理正应一句俄罗斯谚语："禁果格外甜”。

其实，我们在生活中常常会遇到这样的情况：你越想把一些事情或信息隐瞒住不让别人知道，越会引来他人更大的兴趣和关注，人们对你隐瞒的东西充满好奇和窥探的欲望，甚至千方百计通过别的渠道试图获得这些信息。而一旦这些信息突破你的掌握，进入了传播领域，会因为它所具有的“神秘”色彩被许多人争相获取，并产生一传十、十传百的效果，从而与你隐瞒该信息的愿望背道而驰。

这也就给了我们一个启示：我们可以通过激发自己的好奇心来做好事情，特别是在一些自己不想或者不喜欢做事的时候，这种方法显得尤其有效果。

汤姆被罚粉刷围墙，这本是个既枯燥又累的苦差事，可聪明的汤姆却巧妙地吸引别的孩子们心甘情愿地用自己最心爱的东西换取为他刷围墙的机会。他所使用的方法就是“禁果效应”。请看《汤姆·索亚历险记》的这个片断。

“什么？你是说你喜欢干这个？”一个叫本的孩子问正在刷墙的汤姆。

刷子继续挥动着，过了一会儿，汤姆回头对本说：“喜欢干这个？是啊，我可不明白为什么我不应该喜欢干这个？一个孩子并不是天天都有机会刷围墙的呀。”

汤姆的话有道理，本以前从来没想到过这个。他咬了一口苹果，看着汤姆的一举一动。此时的汤姆像个艺术家似的来回挥动着他的刷子。紧接着，他后退一两步，看看效果如何。他在这儿添一刷子，又在那儿添一刷子，然后又观察效果。

本看着他，兴趣越来越浓。汤姆发现了这一点，但是他还是默不作声，“专心”地做着自己的工作，其实他的心里面巴不得本赶紧“上钩”呢！

“喂，汤姆，让我刷一点儿吧。”过了一会儿，本终于开口说话。

汤姆考虑了一下，快要答应了，可是他改变了主意，他想真正勾起本的欲望，那么他帮忙刷的也就要多一点。

“不！不！你知道，波莉阿姨对这道围墙特别讲究。你看，这道围墙是临街的。假如是后面的围墙，我就不在乎了，她也不会在乎的。是呀，她对这道围墙可真是讲究得不得了。这个活儿非得特别仔细地干才行。我想一千个孩子里面，说不定两千个孩子里面，也找不出一个来，能把这道围墙刷得合乎要求呢。”汤姆故意将问题说得很严重。

“是这样吗？真有意思！就让我试试吧，就试一点儿嘛。你要是换了我，我就会让你试试的，汤姆。”本开始苦苦哀求。

“本，我倒是愿意的，真的，可是波莉阿姨不愿意啊。吉姆想干，可是她不让吉姆干。西德想干，可是她不让西德干。现在你还没明白我是负有责任的吗？要是你来刷这道围墙，万一弄出点什么毛病来……”汤姆还想再烧一把火。

“嗨，没有的事儿；我会非常小心的。现在就让我试试吧。哎，我把苹果快吃完了的时候就给你。”本开始加码。

“好吧……不，本，我决不能这么办。我怕……”汤姆表现得难以选择。

“我把整个苹果都给你。”本付出了更大的代价。

汤姆这才满脸不情愿、可是心里却迫不及待地把刷子放下了。

很显然，案例中的汤姆是聪明的，他懂得利用“禁果效应”，勾起本的好奇心，从而引诱本上钩，为自己效力。那么在我们的日常生活中，我们该如何才能勾起自己的好奇心，引导自己去做某些事情呢？方法不外乎以下几种：

1. 多问自己几个为什么。

一旦我们学会了寻根究底，我们就能顺着问题往下深挖，从而对所研究、从事的关注越来越高、思考也越来越多，一旦中间出现了一些我们感兴趣的东西，好奇心也就很容易被勾起来，从而引导自己越走越深。

2. 善于看到别人看不到的一面。

一个问题，如果你只能看到别人都能看到的那一面，很显然你就不会有多大的好奇心。但是如果一个普通的问题，别人只能看到普通的一面，而你能看到别人所看不到的一面，那么你也就很自然地产生了好奇心。当然，要想看到别人看不到的一面，最重要的还是要变换自己的视角，善于站在和别人不一样的位置去看待问题。

3. 给自己必要的鼓励。

对某件事情产生好奇心正如把某件事情做好一样，是需要一个时间段的。或许在过去的一个时间段里，你并没有发现自己对某件事情产生了兴趣，正如你干了一阶段工作之后并没有发下成功一样，此时的你最需要的不仅仅是坚持，而且还有自我鼓励。你只有善于鼓励自己追寻下去，一切也就能水到渠成了。

4. 充分发挥自己的想象力。

想象力能将枯燥的东西变得生活，能将无味的事情变得兴趣十足。我们在面对一项工作、一个任务时，如果觉得没有激情、没有欲望，不妨发挥一下自己的想象力，寻找一下自己感兴趣的东西，好奇心自然也就如约而至了。

冲动是魔鬼

都说“冲动是魔鬼”，其实愤怒有时候也是魔鬼。当我们被愤怒蒙蔽了双眼，悲剧往往就会在一瞬间发生。“别在喜悦时许诺，别在忧伤时回答，别在愤怒时做决定”，这成为很多人赢得智慧人生的重要箴言。

几乎所有的在狱囚犯都表示过后悔；很多不幸事件也都是当事者处于极度愤怒之下的不理智行为。人是一种感性的动物，生活在爱恨情仇的交织之中，而人生又是处在不断的选择之中，有些选择或许无关痛痒，有些选择却事关全局，一旦做出错误的决定，事情就往往无力回天，不可逆转。

所谓“淬火”是指金属工件加热到一定温度后，浸入冷却剂(油、水等)中，经过冷却处理，工件的性能更好、更稳定。其实这种原理在日常生活中也是适用的。比如在孩子的教育当中，长期受表扬头脑有些发热的学生，不妨设置一点小小的障碍，施以“挫折教育”，几经锻炼，其心理会更趋成熟，心理承受能力会更强；还比如在问题的处理当中，对于麻烦事或者已经激化的矛盾，不妨采用“冷处理”，放一段时间，思考得会更周全，办法会更稳妥。因为人一旦处于头脑发热的阶段，无论是心理还是情绪都有一种冲动、燥热的表现，在这种情况下解决问题，不仅不能找到很好的方法，而且还会因为自己的冲动把事情搞砸。

所以说，在遇到难以解决的问题时，不妨冷处理，过上一段时间，或者过了头脑发热阶段之后，事情也就能变得简单了。否则，可能就会出现以下两种不良的影响：

（1）将问题扩大化，甚至产生新的问题。

（2）引起问题双方情绪对抗。

张濛是一个比较聪颖又好动的男孩子，由于他是家中的独子，从小娇生惯养，没有养成良好的学习习惯，故学习成绩一直不稳。

这不刚开学不久，又故伎重演（不写作业)。当小组长向班主任报告时，班主任马上意识到他又要耍小聪明了，不是说忘带了，就是说找不到了。

一问果然如此，于是令其课间补上。

可是两天后，小组长又说他没交作业，于是乎又令其补上了。望着他离去的背影，班主任陷入了沉思。光如此反复也不是个办法，怎么办呢？哎，有了，不妨试试“冷处理”。

当小组长又向班主任汇报时，班主任没有理会。一连几天，都是如此。微妙的变化发生了，平时上课大呼小叫地他，静静地坐在座位上，低着头一声也不吭，还时不时偷偷地用眼看看班主任。班主任把这一切都看在眼里，却仍然是没有理会他。

周一下了第一节课，小组长悄悄地告诉班主任，"老师，张濛交作业了！"要是往常班主任一定会说：“是吗？我看看，不错，给他发张表扬条，鼓励鼓励。”可是班主任却笑了笑没说什么。接下来连续几周，该生的作业写得又干净又仔细，没有一次不交的现象。

看到时机业已成熟，班主任课下找到了他，说：“鹏飞，你变了，变成了一个爱学习遵守纪律又能按时完成作业的好孩子了。”他半信半疑地抬起头，看看班主任又低下头，没知声。班主任拍拍他的肩膀，笑着说："怎么，还不相信老师说的话吗？""老师，我……我以为您再也不理我了。"这次他仰起小脸，可怜兮兮地看着班主任。

"我怎么会不理你呢？只是你以前太让老师失望了，希望你今后能继续保持下去，能吗？"他点点头，"那您还会像以前那样喜欢我吗？""会，但我更喜欢现在的你。"看他还不肯走，于是班主任摸摸他的头，又大声补充道："我永远都会喜欢你的！"这下，他开心地笑着跑开了。

从张濛的转变中，班主任发现"冷处理"的妙处：一个原本难以解决的问题不但可以轻松解决，效果还很不错。就拿张濛的事情来说，用了"冷处理"的方法，既让张濛本身意识到了问题的所在并进行改变，又不伤害学生的自尊心和丢学生的面子。这种做法虽然不落痕迹但是却有着惊人的力量。

因此，面对我们身边一些无法解决的，或者难以解决的问题，我们也不妨试试"冷处理"，也许会像案例中的班主任那样获得意想不到的收获。

从案例中学生张濛的改变，我们确实看到了"冷处理"方法的效果：既让张濛本身意识到了问题的所在并进行改变，又不伤害学生的自尊心和丢学生的面子。可是在我们的日常生活中当中，遇到问题该如何做才是正确的"冷处理"法呢?

1. 不要一味追究矛盾，否则矛盾会更加激烈。

遇到问题矛盾，我们最直接的想法就是寻根究底，寻找出问题的真正原因，只有这样我们才能真正解决问题。这样做本身就没有错，但是如果遇到问题双方有矛盾的情况下该怎么办？毕竟矛盾越纠也就越大，寻根究底不仅不能解决矛盾，还会让矛盾越来越大。这个时候，我们要做的反而是放弃对矛盾的寻究，让问题得到冷处理。

2. 善于把事情看开，告诉自己，这没什么。

要想做到冷处理，不仅仅要懂得冷处理的效果，还必须具备一定的良好心态。那么什么样的心态是良好的心态呢？就是遇到事情的时候要善于看得开，善于安慰自己。很多人之所以在遇到事情的时候不能进行冷处理，就是因为过不了“心态”这一关，情绪冲动、心态消极都不行。

3. 面对矛盾的时候，给自己一个思考的时间。

我们都知道，遇到事情冲动也是在很短的一段时间里发生，只要过了这个时间段，情绪也就能得到缓和。那么如何才能保证这个时间段呢？有一个很好的办法就是多思考一下，给自己一个充足的思考时间。这样既能缓冲情绪，也能让自己思考得更加清楚、问题得到更好的解决。

4. 适度的宽容。

既然出现了问题，就一定有人在其中犯了一些错误。要想冷处理这件事情那个，就必须做到一点，具备一定的宽容之心。记住只有你适度的宽容，你才能真正把情绪放下来，才能真正做到冷处理。

有一种成功叫坚持

著名的发明大王爱迪生曾经说过：“世界上伟大的成功人物的最明显的标志就在于他们那坚忍的意志。无论环境要变换到哪个地步，成功人士的初衷与希望都不会有丝毫的变化，并且能够最终克服重重障碍，达到预期的目的。”很多事情尽管我们已经作出了正确和勇敢的决策，但如果没有耐力与恒心是不会成功的。只有具有恒心与耐力，才是成功拥有财富的法宝。

所谓“半途效应”是指在激励过程中达到半途时，由于心理因素及环境因素的交互作用而导致的对于目标行为的一种负面影响。大量的事实表明，人的目标行为的中止期多发生在“半途”附近，在人的目标行为过程的中点附近是一个极其敏感和极其脆弱的活跃区域。

其实我们在日常生活中也有这种经历：比如我们在熬夜的时候，并不是凌晨的时候最困，而是临近半夜的时候最困，只要过了这个时间段，也就不那么困了。所以说熬夜，就难过的就是“半夜关”，而不是“凌晨关”。

导致半途效应的原因主要有两个，一是目标选择的合理性，目标选择的越不合理越容易出现半途效应；二是个人的意志力，意志力越弱的人越容易出现半途效应。相比较而言，后者的关系要大一些，也就是说如果能够提高自己的意志力和信心，那么受到半途效应影响的几率也就少一些，成功的几率也就高一些。

这就给了我们一个启示：要想获得成功，就必须让信心全程陪伴自己，只有具备足够的信心，我们才不会因为心理因素而半途而废。

吉尼斯世界纪录保险销售冠军、日本的柴田合子一个人的业绩，可以抵上日本800多个保险业务员的业绩总和。

为什么柴田合子能获得这样高的业绩呢？这和她的信心是分不开的。

她每天的工作和其他业务员的工作一样，就是一直不停地见顾客，拜访顾客，销售保单，然后还是见顾客，拜访、再拜访。一般的业务员最多每天也就打十来个电话，最多2到3个人见面，原因很简单，约不到人。可是她不同，她每天基本上要和多于其他业务员3倍的准客户见面，她为什么能约到这么多人呢？因为她具备了信心。

据她透露，一般的业务员在打到十个左右电话还没有约到人的时候，就会对自己丧失信心，以至于轻易放弃，半途而废。和其他业务员不同的是，柴田合子每天基本上要打50到60个左右的电话来约人见面，而且这些电话基本上都是在车上或者其他地方打的。

其中有一次，一位记者在公司问某一位业务员明天安排了几个约谈，他说两个；记者又问柴田合子安排了几个，她说7个，约每小时一个。记者问她怎么安排这么多约谈？柴田合子说是自己一下午打了58个电话约下来的。

58个电话约成了7个约谈，这意味着51次被拒绝。一般的业务员在10个电话的时候就半途而废了，而柴田合子却有信心将电话打到将近60个。也正因为如此，柴田合子最终成功了。

同此相似，英国文学家约翰·克里西的成才之路也历经失败和拒绝。

约翰·克里西年轻时就对文学有着浓厚的兴趣。35岁时，他开始了写作生涯，不断地向出版社和文学报刊投寄稿件。全国的出版部门很少有被他漏寄的，但他得到的结果却是743张退稿单。

这可不是一个小数目，应该说对任何人都是一个不小的打击。但是，充满信心的克里西并没有被退稿单吓倒，他仍然一如既往地埋头苦读，笔耕不辍。

克里西从退稿单中汲取力量。他说："不错，我正在承受人们所不敢相信的大量失败的考验。如果我就此罢休，所有的退稿单就会变得毫无意义；而我一旦获得了成功，每一张退稿单的价值全部要重新计算。"

就这样，这位勤奋和充满信心的作家不断地写作、投稿，直到最终得到编辑们的承认，成为一名著名作家。

从柴田合子和克里西的故事中我们得出这样一个规律：要想获得成功，就必须让自己的信心得到挫折和失败的考验，如果我们不能坚持，就可能半途而废；如果我们能坚持，成功也就水到渠成。那么在这个过程当中，如何才能提高自己的自信心、不至于半途而废呢？主要有以下几种办法：

1. 做好挫折预测。

如果你能预测到挫折，那么当挫折真正来临的时候，你也就有心理准备，不至于在挫折面前惊慌失措，不知如何是好了。很多人之所以会半途而废，就是因为对即将到来的挫折没有很好的预测与准备，一旦真正面临挫折的时候，也就只有后退的份了。

2. 懂得坚持。

这一点是必不可少的，要想不至于半途而废，就少不了坚持。一旦你失去了坚持，那么即便再小的一个挫折都会让你前功尽弃、功亏一篑。在成长的道路上，我们害怕的不是过程中的挫折和障碍，而是发自我们内心的退却和畏葸，只要内心产生了畏惧情绪，那么所有的事情都将失败。

3. 提高自己的“耐挫力”。

任何一件事情，在做的过程当中遭遇挫折是在所难免的，那么我们是不是任凭挫折打击而自动退却呢？不是，而是要提高我们的耐挫力，善于在挫折的打击下抵抗内心的畏惧，昂首挺胸，迈向成功。

4. 控制好自己的情绪。

很多人都觉得很奇怪，情绪和半途而废有什么关系？从表面上看，确实一点关系都没有，但是从内在来看，关系却很大。因为一个人的行动在很大程度上并不是理智的，而是被我们的情绪所支配。很多人一怒之下可能就会做出让自己后悔的事情，也有很多人因为自己的情绪失控而导致最终的失败。这种例子数不胜数。从中我们可以得出这样一个结论：控制好自己的情绪，就等于把持住了诱惑，找到了理智。

善于拒绝是一种能力

诱惑是人永远无法满足的欲望，抵挡不住诱惑的人永远不会满足和停止住求它。诱惑是糖果一类的蝇头小利，容易让人们忍受不了奋斗的过程，忘却生活的目标和追求。

拒绝是一种勇气、一种胆量、一种智慧，更是一种良知和觉悟。一个人如果没有了拒绝的能力，没有了说“不”的勇气，那就意味着没有了自我、没有了原则，意味着没有了区分善恶是非的辨别力，意味着把灵魂交给了别人。拒绝他人也是一种应变的艺术，而“拒绝得体”是这门艺术的最高境界。保持尊重的态度，表达不模棱两可，把拒绝的理由说得清楚明白，是“拒绝到位”的题中应有之义。

迟延满足效应，又叫糖果效应。源自发展心理学研究中有一个经典的实验，称为“迟延满足”实验。实验者发给4岁被试儿童每人一颗好吃的软糖，同时告诉孩子们：如果马上吃，只能吃一颗；如果等20分钟后再吃，就给吃两颗。有的孩子急不可待，把糖马上吃掉了；而另一些孩子则耐住性子、闭上眼睛或头枕双臂做睡觉状，也有的孩子用自言自语或唱歌来转移注意消磨时光以克制自己的欲望，从而获得了更丰厚的报酬。

研究人员进行了跟踪观察，发现那些以坚韧的毅力获得两颗软糖的孩子，长到上中学时表现出较强的适应性、自信心和独立自主精神；而那些经不住软糖诱惑的孩子则往往屈服于压力而逃避挑战。在后来几十年的跟踪观察中，也证明那些有耐心等待吃两块糖果的孩子，事业上更容易获得成功。

面对眼前的诱惑，通常情况下我们很难控制住自己，这种享受心理是每个人都有的。但是在很多时候，我们要想获得更大的成功，就必须抵制住这种诱惑，否则我们只能是急功近利。也正是因为如此，很多人在诱惑面前没有控制住自己，最终只获得了小利，失去了获大利的机会。

就读于某名牌大学新闻系的李刚，在校时就已有许多篇文章问世，有的文章还在社会上产生了较大的反响。早已享有“才子”称号的他，毕业时与其他几位同学一起被分配到了某报社。

李刚想当然地认为自己一定会被分到“要闻部”，不久就会成为“名记”。可是，当领导公布岗位分配的名单时，他才知道自己被分到了总编办公室。而另有两位没有他出色的同学，则被安排在要闻部当实习记者；这一下，李刚不禁大失所望。

正好，一个企业的策划部向他伸出了橄榄枝，以每月5000块钱的薪水来吸引他，这正好合了李刚的意。于是李刚不顾众人的劝说，执意离开了报社。

三年的时间过去了，李刚在觥筹交错中并没有学到什么东西，甚至以前脑子里的那些创意都已经消磨殆尽了，企业老总看到李刚已经没有了多少可利用的价值，便找了一个理由将他开除，现在正处在下岗的边缘。而和李刚一起进到报社的两名同学，现在已经是真正的“名记”了，日子过得相当滋润。

为此，李刚后悔不已，他为自己没能抵制住当时的诱惑而付出了沉重的代价。

其实，当时报社领导这样安排李刚，并非不了解他，而是想让他全面了解报业的运作过程和主要环节，使他了解全局，以便更好地发挥他的作用。领导的本意是想给李刚提供锻炼、成长的机会，将来加以重用，但李刚却看不到这一点，反而心生怨言，没干多久就因为眼前的一点小诱惑而自毁前程。

俗话说："心急吃不了热豆腐。"谁都明白饭要一口一口地吃，任何人都不可能一口吃成个大胖子。对于做事来说，也是一步一步去做，才能实现目标。

正如李刚一样，在我们的成长历程中，我们要经历不知多少次的选择，并且这种选择很多都是诱惑和目的之间的选择，面对这些诱惑，我们很容易把持不住而迷失其中。正如李刚一样，一边是每月5000块钱工资的诱惑，一边是当"名记"的目的，李刚很快就迷失其中了。为了其中的一点小诱惑，自毁了前程。

当然，这是很可惜的。为了避免再次出现这种情况，我们必须让自己做点什么来预防这种情况再次出现。那么我们该怎么做呢？

1. 要牢记自己到底想要什么。

目标是我们前进的终点，也是我们努力的动力。这就像小猫钓鱼一样，把鱼钓起来是我们的目的，而不是周边飞来飞去的蝴蝶。对于小猫来说，这些小猫就是一种诱惑，使得它最终忘记了自己的使命是什么。其实在很多时候，我们就是这只小猫，被周边花花绿绿的世界所吸引、迷惑，从而迷失其中。

2. 不要急功近利。

从价值取向来说，如果个人只想尽快达到自己的目的，就很容易出现急功近利的想法。要改变这种想法，就应该看到，成功不是轻易就能得到的，要想获得更多的回报，就应该付出更多。

另外，每个人的人格特点也决定了他是不是容易产生急功近利的想法。人应该培养延时需要的满足，这样才不会急功近利。有的人一旦有需要，就马上希望得到满足，容易导致急功近利。

3. 去除互相攀比的心理。

因为互相攀比，很多人就会失去理智，他们的目的非常明确，但也非常短浅——超过对方。那么很显然，只要能超过对方，他们什么方法都会用，面对周边的诱惑，自然也就难以控制了。

4. 制定好实现目标的步骤。

按照指定好实现目标的步骤一步一步去做，就好比沿着楼梯一步一步往上走一样，不会有从楼梯边掉下来的危险。可是如果我们不这么去做，就像在没有栏杆的楼梯上漫无目的地狂奔以下，随时都有可能掉下来。因为楼梯旁到处都是引诱我们的诱惑，一不小心就会踩空。

成功源于专注

我们经常能在屋檐下的石阶上看到一行小坑。这些小坑并不是人为凿出来的，而是因为屋檐头上的水滴下来，而且总是滴在同一个地方，长年累月的敲打形成的。这在心理学上被称为“滴水效应”，意思是说，只要目标专一而不三心二意，持之以恒而不半途而废，就一定能够实现我们美好的理想。

一个人的精力是有限的，如果将有限的精力同时分散在好几件事情上，就有可能一事无成，既浪费时间又浪费精力。所以，想成大事者不能把精力同时集中于几件事上，只能专注于其中之一。只有专注，他们才能将手头的工作做得更好。

手表效应源自一个现象：一个人如果只有一只手表，他知道现在几点了；如果有两只手表，他往往不知道现在几点了，因为他无法知道哪一只手表更加精确。

与其说这是一种现象，不如说这是一种人类心理的误区：即把所有的标准都往自己身上套。认为别人说的、机器显示的、对方警告的都是正确的，而唯独只有自己的想法、行为、判断是错误的。

很显然，任何一个人都有自己的想法，那么一旦这些想法全部放在我们身上之后，事情就开始变得复杂了。正如我们在街边经常看到的现象一样，两个人在下棋，旁边很多人在看棋，这些看棋之人不仅仅看，而且还想方设法去指挥下棋人，于是这个说要这么走，那个说要那么走，最终不知道听谁的了。为什么会出现这种结果呢？因为在我们的身上出现了多重标准，不知道谁的才是正确的。

这就是手表效应给我们的生活造成的影响，这种影响主要体现在两个方面：

（1）失去自我，迷失在别人的标准之中。

（2）将简单的事情复杂化。

有一位年轻的画家，发誓要不断提高自己的水平，画出让所有人都能喜爱和赞叹的作品，为了能够了解到人们对他的画究竟有怎样的态度和看法，他把自己最满意的一幅作品拿到人来人往的菜市场上，并在旁边放上了一支笔，让人们把那些认为不足的地方给指点出来。很快地，就有许多人在那幅画上标出了自己的意见。等到了晚上回家之后，画家才发现在那幅画上所有的地方都已经密密麻麻地被标出了人们认为不足的记号。很显然，在人们看来，这幅画简直就是完全失败的作品。

这个结果使年轻画家的自信心受到了巨大的打击，情绪低落的他甚至怀疑自己是否还具有一点绘画才能。而他的老师在知道了这个情况后，就告诉他千万不要在意这些批评，并要求他再把一幅相近的作品放到菜市场上，只不过这次是让人们把那些他们认为很好的地方给指点出来。于是，年轻的画家照着老师的要求去做了。可让他无论如何也想不到的是，当自己把放在菜市场上足足有一天时间的作品再拿回家的时候，竟然发现那幅画上所有的地方又都密密麻麻地被标上了人们认为很好的记号。

刹那间，年轻的画家明白了其中的道理：别人有别人的看法，关键是要自己的看法，千万不能因为别人的意见而左右自己的看法。从此，他不再盲从任何人的赞美或是批评。开始潜心地埋头于自己的绘画创作，并终于取得了辉煌成就。

正如案例中的画家一样，太在意别人的看法就会将自己完全迷失在别人的看法之中，甚至还会打消自己的积极性和自信心。同样的一件事情，不同的人有不同的看法，一种看法就是一重标准，那么我们是不是要将这些标准完全放在自己身上呢？不是，那样不仅对自己没有好处，而且还会让自己失去主见，迷失自我。

那么如何让自己更有想法，能接纳别人的看法，但不被别人左右呢？

1. 拥有并理解自己的原则。

任何一个人都必须具备自己的原则，也可以称之为自己的底线。比如面对一件事情，要知道我们自己的底线是什么，要解决这个问题，按照什么样的方法来进行。当然，每个人都有每个人的方法，我们要知道的是自己的方法，而不是别人的。你只有善于询问自己，才有可能真正拥有并理解自己的原则，才不会被别人的原则迷惑，丧失自我。

2. 让自己有机会表达自己的想法。

很多人总是习惯于当一个倾听者，并且是完全闭嘴的倾听者，他们似乎觉得只有这样才能对得起别人。从某种程度上来说，我们要想接纳别人的意见，确实应该学会倾听，但是这并不意味着我们就要“闭嘴”。我们完全可以给自己一个表达想法的机会，这样才能在心理上占据一席之地，不至于被完全吞没。

3. 让自己更客观，能从侧面看事情。

不要什么事听到别人的立场就接受了，这样未免太主观、太儿戏。要知道，任何一件事每一个人看起来都可能不一样，我们需要的是我们自己的看法和判断，而不是完全接受别人的意见。那么怎么办才能做到这一点呢？从侧面去看问题，只有从侧面才能看到事物的本质。

4. 要尝试着自己去认可。

什么是自己去认可？即不要人云亦云，不要利用别人的眼睛去看问题，不要利用别人的脑子去思考，我们要眼见为实，自己思考。只有经过自己脑子思考、认可的事情才能真正成为自己的一部分。

当然，在此还有一点要注意一下：不要分那么清楚什么是他人的想法，什么是你自己的想法。你认可的想法就是你的想法.

5. 不要自动接受别人的看法。

很多人天生“耳根软”，只要别人说什么，他都会接受。无论别人的看法是正确的还是错误的。很显然，这种人就非常容易被别人所迷惑而迷失自我。对于这样的人而言，最好的办法就是让自己产生一种“排斥”心理，即，不要轻信别人的话，要善于自己去寻找问题的答案。

循序渐进 轻松实现目标

人际交往中，一些人认为话要直说，直接表现自己的心迹，亮出自己的底牌，这样不啰里啰嗦，交际效果也会立竿见影。其实只是有时候会这样的，但大多数情况则是事与愿违。在待人处世中，直言直语是一把伤人伤己的双面利刃。无数个事实证明，这不是爱之深责之切，而是在和他过不去。每个人都有一个内心堡垒，自我缩藏在里面。你的直言直语恰好把他的堡垒攻破，把人家从里面揪出来。因此，能不讲就不要讲，要讲就拐个弯，点到为止。

鲁迅先生曾于1927年在《无声的中国》一文中写下了这样一段文字："中国人的性情总是喜欢调和、折中的，譬如你说，这屋子太暗，说在这里开一个天窗，大家一定是不允许的，但如果你主张拆掉屋顶，他们就会来调和，愿意开天窗了。"这种通过提出很大的要求来逼迫别人让步的现象在心理学上被称为"拆屋效应"。

其实在我们的日常生活和工作当中也总是使用到这种效应。比如在谈判时，我们总是提出一个比较大的要求，然后慢慢地让步，最终达到自己的目的；买东西砍价的时候，先给一个较低的价位，然后慢慢往上加，最终达到自己想要的价位；要想让别人帮忙，首先提出一个较大的要求，讨价还价之后达到自己的目的……此类种种，就是通过"拆屋效应"来实现的。

那么拆屋效应为什么能起到这么大的作用呢？说到底还是因为它给了人们一个底线，只要不超过这个底线就可以接受。当然，要是能高于底线那就更好了。正如鲁迅先生所举的例子：开天窗是目的，而拆屋顶则是底线，只要不拆屋顶，什么都好说，那么开天窗的目的也就达到了。只有利用“拆屋顶”的底线来逼迫对方，才能让对方让步，达到开天窗的目的。

身处外贸公司客户部的雪颖是公司里一个公认的谈判高手，任何一个难缠的客户，只要到了她的手里，几乎没有搞不定的，人送外号“谈判终结者”。那么，她是如何做到这一点的呢？据她自己透露：很关键的一点就是在确认对方的成交意图之后，利用拆屋效应，逼迫别人让步。

这不，这一天，她又被公司派去和一个难缠的客户谈判。这个客户为了增加1%的利润提成，已经折磨业务部其他业务员好几天了。并且这个客户手头上并没有多少资源可以利用，就是想通过增加1%的利润来提高收益，扩大自己的活动范围。

了解到这一点之后，雪颖很快找到了突破口。

谈判开始，雪颖开始说开场白：“我们都知道，时间就是金钱，今天我们来的目的是给双方挣钱的，而不是来浪费时间的。”

“是的，您说得很有道理，可是贵公司就是因为不肯妥协，所以才浪费了这么多时间！”对方巧妙地接过话题，并且把责任推到了雪颖这边。

“我们一直以来都是按照这个提成比例合作的，那么现在为什么你要单单挑起这个头呢？难道你没有诚意和我们公司合作了吗？如果是这样，我们可以解除原先的合约，我重新找一个代理商，不过，这样你就得赔付给我们不少的违约费了。”雪颖开始初露锋芒。

“我不是这个意思，我的目的非常明确，就是提高1%的提成，那么合作我们还是可以继续。”对方重申他们的意图。

“我们以前是按照5%的提成合作的，是吗？”雪颖故意问。

“是的，我现在想要提到6%……”对方以为雪颖要松口。

“那么现在这样，我们以4%的提成比例合作，怎么样？”雪颖开始抛出自己的杀手锏。

“什么？4%，我要的是6%，贵公司不升反降，这是什么道理？”客户显得很不理解。

“理由很简单，你浪费太多时间了，时间就是金钱，你浪费了，就得你来赔付！”雪颖的话直指客户的心。

“不行，6%。”客户还在坚持。

“那就3%，因为你又浪费了我的时间”雪颖表现得很严肃！

“什么？……”客户简直不敢相信自己的耳朵。

“如果还不行的话，我们就解除合约，我们另外找代理商，不过你得赔付给我们一大笔违约金，你自己看着吧”雪颖一点都不想让步，并且雪颖开始起身，准备离开谈判桌。

“好，好，还是按照以前的5%，行了吧！”客户最终同意不增加提成，雪颖大功告成。

案例中的雪颖所遇到的客户真可谓是一个难缠的客户，又想提高提成，又不想负更多的责任，似乎天下的好事都应该是他的。对于这样的客户，唯一的办法就是逼迫对方让步，维持原来的合同标准。那么如何逼迫对方让步呢？雪颖用了一个非常好的办法：出人意料地将了顾客一军，不仅不提高提成，而且还要剥夺客户的代理权，这样客户就慌了：最终他选择了维持原来的合作标准。

那么我们在日常生活中该如何应用“拆屋效应”呢?

1. 提要求善于“狮子大开口”。

所谓“狮子大开口”其实就是对对方提出较大的要求，这个要求可能很离谱、可能会超出对方的想象，但是如果没有这个大的要求，也就很难满足小的要求。正如案例中的雪颖一样，一开始就摆明了自己的要求：维持原来的合作标准，甚至还降低原来的合作标准。这种要求对于客户来说无疑是“狮子大开口”“绝对不可能的事情”，但是雪颖就是这么做了。

2. 摆出自己的底线。

你的底线是什么不仅仅关系到彼此之间是否有一个缓冲地带，而且还关系到你能否让对方信服于你。案例中雪颖的底线是什么？她的底线就是如果谈判不成，就终止合同，剥夺对方的代理权。正是因为雪颖抛出了自己的这个底线，才真正将对方“吓唬”住，最终达到了自己的目的。

3. 善于让对方对比选择。

在利益面前，人最擅长的就是做选择。这种选择不仅仅是给对方指了出路，也让对方明白哪一个选择才是对自己最有利的，暗示他们按照自己的想法去做。正如案例中雪颖给客户的两个选择一样，要么剥夺代理权、对违约行为进行赔偿；要么保持原有的标准继续好吃合作关系。当然，对于客户来说，肯定会选择后者，而不是前者。

4. 不给对方缓和的机会。

在谈判当中，如果不表现得有气势一点，就会在心理上弱于对方，也就会处于弱势。那么如何才能表现得有气势呢？一个很好的办法就是不给对方缓和的机会和时间。比如案例的雪颖一样，一上来就摆明了自己的态度，并且提出了自己的条件，很快将对方逼到“二选一”的路上，让对方乖乖地交了自己满意的答卷。在这个过程当中，客户一点反抗的余地都没有，只能乖乖地跟着雪颖的思路走。